水产行业标准汇编

（2025）

中国农业出版社　编

中国农业出版社
农村设物出版社
北　京

出 版 说 明

近年来，我们陆续出版了多部中国农业标准汇编，已将2004—2022年由我社出版的5 000多项标准单行本汇编成册，得到了广大读者的一致好评。无论从阅读方式还是从参考使用上，都给读者带来了很大方便。

为了加大农业标准的宣贯力度，扩大标准汇编本的影响，满足和方便读者的需要，我们在总结以往出版经验的基础上策划了《水产行业标准汇编（2025）》。本书收录了2023年发布的水产品操作规程、水产品品种鉴定、水产品加工技术规程、渔具通用技术规范、渔船用电子设备环境试验条件和方法、水产品中成分的测定、鱼类增殖放流效果评估技术规范等方面的农业标准27项，并在书后附有2023年发布的3个标准公告供参考。

特别声明：

1. 汇编本着尊重原著的原则，除明显差错外，对标准中所涉及的有关量、符号、单位和编写体例均未做统一改动。

2. 从印制工艺的角度考虑，原标准中的彩色部分在此只给出黑白图片。

本书可供农业生产人员、标准管理干部和科研人员使用，也可供有关农业院校师生参考。

中国农业出版社
2024年10月

目　录

出版说明

NY/T 4324—2023　渔业信息资源分类与编码 …… 1
NY/T 4328—2023　牛蛙生产全程质量控制技术规范 …… 15
SC/T 1135.8—2023　稻渔综合种养技术规范　第8部分：稻鲤（平原型） …… 23
SC/T 1168—2023　鳊 …… 31
SC/T 1169—2023　西太公鱼 …… 37
SC/T 1170—2023　梭鲈 …… 45
SC/T 1171—2023　斑鳜 …… 53
SC/T 1172—2023　黑脊倒刺鲃 …… 59
SC/T 1174—2023　乌鳢人工繁育技术规范 …… 65
SC/T 2001—2023　卤虫卵 …… 73
SC/T 2123—2023　冷冻卤虫 …… 79
SC/T 3058—2023　金枪鱼冷藏、冻藏操作规程 …… 85
SC/T 3059—2023　海捕虾船上冷藏、冻藏操作规程 …… 91
SC/T 3060—2023　鳕鱼品种的鉴定　实时荧光PCR法 …… 97
SC/T 3061—2023　冻虾加工技术规程 …… 107
SC/T 4018—2023　海水养殖围栏术语、分类与标记 …… 113
SC/T 4033—2023　超高分子量聚乙烯钓线通用技术规范 …… 127
SC/T 5005—2023　渔用聚乙烯单丝及超高分子量聚乙烯纤维 …… 135
SC/T 6106—2023　鱼类养殖精准投饲系统通用技术要求 …… 145
SC/T 7002.7—2023　渔船用电子设备环境试验条件和方法　第7部分：交变盐雾（Kb） …… 151
SC/T 7002.11—2023　渔船用电子设备环境试验条件和方法　第11部分：倾斜　摇摆 …… 157
SC/T 9112—2023　海洋牧场监测技术规范 …… 165
SC/T 9441—2023　水产养殖环境（水体、底泥）中孔雀石绿、结晶紫及其代谢物残留量的测定　液相色谱-串联质谱法 …… 177
SC/T 9443—2023　放流鱼类物理标记技术规程 …… 189
SC/T 9444—2023　水产养殖水体中氨氮的测定　气相分子吸收光谱法 …… 199
SC/T 9446—2023　海水鱼类增殖放流效果评估技术规范 …… 207
SC/T 9447—2023　水产养殖环境（水体、底泥）中丁香酚的测定　气相色谱-串联质谱法 …… 219

附录

中华人民共和国农业农村部公告　第651号 …… 227
中华人民共和国农业农村部公告　第664号 …… 231
中华人民共和国农业农村部公告　第738号 …… 234

ICS 35.040.01
CCS B 01

中华人民共和国农业行业标准

NY/T 4324—2023

渔业信息资源分类与编码

Classification and coding of fishery information resources

2023-02-17 发布　　　　2023-06-01 实施

中华人民共和国农业农村部　发布

前　言

本文件按照GB/T 1.1—2020《标准化工作导则　第1部分:标准化文件的结构和起草规则》的规定起草。

请注意本文件的某些内容可能涉及专利。本文件的发布机构不承担识别专利的责任。

本文件由农业农村部市场与信息化司提出。

本文件由农业农村部农业信息化标准化技术委员会归口。

本文件起草单位:全国水产技术推广总站、上海海洋大学、中国水产科学研究院渔业工程研究所、博彦科技股份有限公司、上海峻鼎渔业科技有限公司、中国水产科学研究院东海水产研究所。

本文件主要起草人:吴反修、陈明、于航盛、刘慧媛、邹国华、张杨、胡苏吉、徐硕、张胜茂、孙璐、张爽。

渔业信息资源分类与编码

1 范围

本文件规定了渔业信息资源分类原则与方法、编码原则与方法、类目和代码。

本文件适用于渔业信息资源的分类和编码,用于渔业信息资源采集处理、整合集成、交换共享与检索应用,以及渔业信息系统的设计开发等。

2 规范性引用文件

下列文件中的内容通过文中的规范性引用而构成本文件必不可少的条款。其中,注日期的引用文件,仅该日期对应的版本适用于本文件;不注日期的引用文件,其最新版本(包括所有的修改单)适用于本文件。

GB/T 7027 信息分类和编码的基本原则与方法

GB/T 10113 分类与编码通用术语

NY/T 3987 农业信息资源分类与编码

3 术语和定义

GB/T 10113 和 NY/T 3987 界定的以及下列术语和定义适用于本文件。

3.1

渔业信息资源 fishery information resources

与渔业生产、经营、管理及服务等活动有关的经过系统化收集、整理、加工的各种信息的总称。

4 渔业信息资源分类原则与方法

4.1 分类原则

分类原则应符合 GB/T 7027 的规定。

4.2 分类方法

分类方法应符合 GB/T 7027 规定,采用混合分类法对渔业信息资源类目划分,划分为一级、二级、三级、四级、五级、六级类目 6 个层级:

a) 一级、二级、三级、四级类目应符合 NY/T 3987 的规定;

b) 五级、六级类目以线分类法为主,依据渔业信息资源的属性特征细分。

5 渔业信息资源编码原则与方法

5.1 编码原则

编码原则应符合 GB/T 7027 的规定。

5.2 编码方法

5.2.1 编码方法应符合 GB/T 7027 的规定。本文件采用层次码编码方法,其代码由一级码、二级码、三级码、四级码、五级码、六级码和扩展码组成,见图 1。

5.2.2 编码方法应符合 NY/T 3987 的规定,并在 NY/T 3987 的基础上扩展建立五级码、六级码。图 1 中五级码、六级码及扩展码分类代码说明如下:

a) 五级码采用序列顺序码,用 2 位阿拉伯数字表示,从“1”开始顺序编码;不足 2 位时,前面用“0”补齐。五级分类中“其他”类目代码为“99”,以便扩展;扩展时在本层五级类目最大代码后顺序递增编码。

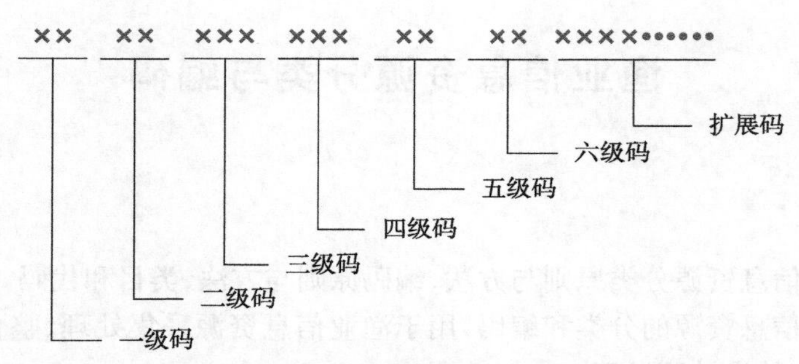

图 1　渔业信息资源代码结构图

b) 六级码采用序列顺序码，用 2 位阿拉伯数字表示，从“1”开始顺序编码，不足 2 位时，前面用“0”补齐。六级分类中“其他”类目代码为“99”，以便扩展；扩展时在本层六级类目最大代码后顺序递增编码。

c) “扩展码”用于六级编码下的细分编码，每扩展一级采用递增顺序码，用 2 位阿拉伯数字表示，从“1”开始顺序编码，不足 2 位时，前面用“0”补齐。采用扩展码时，应给出扩展码说明。

6　渔业信息资源类目代码

渔业信息资源类目代码表，见表 1。

表 1　渔业信息资源类目代码表

代码	一/二/三级类目	四级类目	五级类目	六级类目	备注
10	农业基础信息				
1001	基础地理信息				
1001001	水域				
1001001001		河流			
1001001002		沟渠			
1001001003		湖泊			
1001001004		水库			
1001001005		沼泽湿地			
1001001006		滩涂			
1001001007		海洋			
1001001999		其他水域			
1001002	交通				
…	…	…	…	…	
1001003	行政区				
…	…	…	…	…	
1001004	地形地貌				
…	…	…	…	…	
1001999	其他基础地理信息				
…	…	…	…	…	
1003	农业自然资源				
…	…	…	…	…	

表 1（续）

代码	一/二/三级类目	四级类目	五级类目	六级类目	备注
1003004	生物资源				
1003004001		植物资源			
100300400101			藻类		
10030040010101				海带	
10030040010102				裙带菜	
10030040010103				紫菜	
10030040010104				江蓠	
10030040010105				麒麟菜	
10030040010106				石花菜	
10030040010107				羊栖菜	
10030040010108				苔菜	
10030040010109				螺旋藻	
10030040010199				其他藻类	
100300400102			浮游植物		
1003004002		动物资源			
10030040020101			鱼类		
10030040020102				青鱼	
10030040020103				草鱼	
10030040020104				鲢鱼	
10030040020105				鳙鱼	
10030040020106				鲤鱼	
10030040020107				鲫鱼	
10030040020108				泥鳅	
10030040020109				鮰鱼	
10030040020110				黄颡鱼	
10030040020111				河鲀	
10030040020112				长吻鮠	
10030040020113				鳜鱼	
10030040020114				鲈鱼	
10030040020115				乌鳢	
10030040020116				罗非鱼	
10030040020117				鲟鱼	
10030040020118				鳗鲡	
10030040020119				鲆鱼	
10030040020120				大黄鱼	
10030040020121				石斑鱼	
10030040020122				卵形鲳鲹	
10030040020123				军曹鱼	
10030040020124				鲷鱼	
10030040020125				鲕鱼	
10030040020126				鲽鱼	
10030040020199				其他鱼类	
100300400202			甲壳类		
10030040020201				南美白对虾	
10030040020202				罗氏沼虾	
10030040020203				青虾	
10030040020204				克氏原螯虾	
10030040020205				斑节对虾	
10030040020206				中国对虾	
10030040020207				日本对虾	
10030040020208				梭子蟹	

表 1（续）

代码	一/二/三级类目	四级类目	五级类目	六级类目	备注
10030040020209				青蟹	
10030040020210				河蟹	
10030040020299				其他甲壳类	
100300400203			贝类		
10030040020301				河蚌	
10030040020302				螺	
10030040020303				蚬	
10030040020304				牡蛎	
10030040020305				鲍	
10030040020306				蚶	
10030040020307				贻贝	
10030040020308				江珧	
10030040020309				扇贝	
10030040020310				蛤	
10030040020311				蛏	
10030040020399				其他贝类	
100300400204			其他类		
10030040020401				龟	
10030040020402				鳖	
10030040020403				蛙	
10030040020404				海参	
10030040020405				海胆	
10030040020406				海蜇	
10030040020407				珍珠	
10030040020499				其他	
1003004003		微生物资源			
…	…	…	…	…	
20	农业生产				
…	…	…	…	…	
2004	渔业				
2004001	水产遗传育种				
2004001001		水产种质资源			
2004001002		水产苗种			
2004001999		其他水产遗传育种			
2004002	水产养殖				
2004002001		淡水养殖			
200400200101			池塘养殖		
200400200102			围栏养殖		
200400200103			网箱养殖		
200400200104			工厂化养殖		
200400200105			稻渔综合种养		
200400200199			其他养殖方式		
2004002002		海水养殖			
200400200201			池塘养殖		
200400200202			普通网箱养殖		
200400200203			深水网箱养殖		
200400200204			筏式养殖		
200400200205			吊笼养殖		
200400200206			底播养殖		
200400200207			工厂化养殖		
200400200299			其他养殖方式		

表 1（续）

代码	一/二/三级类目	四级类目	五级类目	六级类目	备注
2004002999		其他水产养殖			
2004003	渔船渔港				
2004003001		渔船			
200400300101			生产渔船		
20040030010101				捕捞渔船	
20040030010102				养殖渔船	
20040030010199				其他生产渔船	
200400300102			辅助渔船		
20040030010201				加工船	
20040030010202				收鲜运输船	
20040030010203				渔业执法船	
20040030010204				渔业调查船	
20040030010205				渔业实习船	
20040030010206				休闲渔船	
20040030010299				其他辅助渔船	
200400300199			其他渔船		
2004003002		船员			
200400300201			船长		
200400300202			高级船员		
20040030020201				大副	
20040030020202				二副	
20040030020203				三副	
20040030020204				轮机长	
20040030020205				大管轮	
20040030020206				二管轮	
20040030020207				三管轮	
20040030020208				通信人员	
20040030020299				其他高级船员	
200400300203			普通船员		
200400300299			其他船员		
2004003003		渔港			
200400300301			中心渔港		
200400300302			一级渔港		
200400300303			二级渔港		
200400300304			三级渔港		
200400300399			其他渔港		
2004003999		其他渔船渔港			
2004004	水产捕捞				
2004004001		内陆捕捞			
2004004002		海洋捕捞			
200400400201			近海捕捞		
200400400202			远洋捕捞		
2004005	增殖渔业				
2004005001		海洋增殖			
2004005002		江河增殖			
2004005003		湖泊增殖			
2004005004		水库增殖			
2004006	休闲渔业				
2004006001		旅游向导型休闲渔业			
2004006002		休闲垂钓及采集业			
2004006003		观赏鱼产业			

表 1（续）

代码	一/二/三级类目	四级类目	五级类目	六级类目	备注
2004006004		钓具钓饵观赏鱼渔药及水族设备			
2004006099		其他休闲渔业			
2004007	渔业工程				
2004007001		渔港与防灾减灾工程			
2004007002		渔业船舶工程			
200400700201			结构工程		
200400700202			舾装工程		
200400700203			轮机工程		
200400700204			电气工程		
200400700205			制冷工程		
200400700299			其他渔业船舶工程		
2004007003		渔业设施与生态工程			
2004007004		渔业信息工程			
2004007999		其他渔业工程			
2004008	水生生物病害防控				
2004008001		水生动物病害防控			
200400800101			病毒性疾病防控		
200400800102			细菌性疾病防控		
200400800103			寄生虫病防控		
200400800104			真菌病防控		
200400800105			立克次氏体疾病防控		
200400800106			多种水生动物共患病防控		
200400800199			其他水生动物疾病防控		
2004008002		水生植物病害防控			
2004999	其他渔业				
…	…	…	…	…	
2006	农业机械				
2006001	农机装备				
…	…	…	…	…	
2006001003		渔业装备			
200600100301			水产养殖装备		
200600100302			渔业捕捞装备		
200600100303			水产加工装备		
200600100304			渔船安全装备		
200600100399			其他渔业装备		
…	…	…	…	…	
2007	农业生产资料				种子(苗)分别归类到种业、畜牧业和渔业中
…	…	…	…	…	
2007003	兽药				含渔药
2007003001		抗菌药物			
2007003002		抗病毒药物			
2007003003		抗寄生虫药物			
2007003004		促生长药			
2007003999		其他兽药			
2007004	饲料与饲料添加剂				
2007004001		饲料			

表 1（续）

代码	一/二/三级类目	四级类目	五级类目	六级类目	备注
200700400101			渔用饲料		
2007004002		饲料添加剂			
200700400202			渔用添加剂		
2007004999		其他饲料与饲料添加剂			
…	…	…	…	…	
2008	农业经营主体				
2008001	农户				
2008001001		渔民			
2008002	家庭农场				
2008003	专业大户				
2008003001		渔业专业大户			
2008004	农民合作社				
2008004001		渔民合作社			
2008005	龙头企业				
2008005001		渔业龙头企业			
2008006	社会化服务组织				
2008006001		渔业社会化服务组织			
2008999	其他农业经营主体				
…	…	…	…	…	
30	农业加工				
…	…	…	…	…	
3003	水产品加工				
3003001	水产食品加工				
300300101		水产干制品加工			
300300102		水产腌制品加工			
300300103		水产发酵食品			
300300104		水产熏制品加工			
300300105		水产冷冻食品加工			
300300106		水产罐头食品加工			
300300107		鱼糜制品加工			
3003002	水产工业品加工				
3003999	其他水产品加工				
…	…	…	…	…	
40	农业市场与流通				
4001	农业经济统计				国内农业经济统计信息
4001001	农业总产值				
400100101		渔业总产值			
4001002	农业净产值				
4001003	农业增加值				
400100301		渔业增加值			
4001004	农产品消费水平				
4001005	农业人均生产总值				
4001006	农民人均可支配收入				
400100601		渔民人均可支配收入			
4001999	其他农业经济统计				
4002	农产品市场				
4002001	产地市场(田头市场)				
400200101		水产品产地市场(塘边市场)			

表 1（续）

代码	一/二/三级类目	四级类目	五级类目	六级类目	备注
4002002	综合批发市场				
4002003	专业批发市场				
400200301		水产品批发市场			
4002004	集贸市场				
4002005	零售市场				
4002005001		摊点零售			
4002005002		超市零售			
4002005999		其他零售市场			
4002006	农产品网络电商				
4002999	其他农产品市场				
4003	农产品价格				
4003001	产地价格				
		水产品产地价格			
4003002	批发价格				
		水产品批发价格			
4003003	集贸市场价格				
4003004	零售市场价格				
4003004001		摊点价格			
4003004002		超市价格			
4003004999		其他零售市场价格			
4003005	网络电商价格				
4003006	农产品价格监测分析				
400300601		水产品价格监测分析			
4003999	其他农产品价格				
4004	农产品品牌				
4004001	区域公共(用)品牌				
4004002	企业品牌				
400400201		水产企业品牌			
4004003	产品品牌				
400400301		水产品品牌			
4004999	其他农产品品牌				
4005	农产品展销展览				
4005001	水产品展销展览				
4006	农资流通销售				
4006001	农资市场				
400600101		渔业物资市场			
4006002	农资价格				
400600201		渔业物资价格			
4006003	农资品牌				
400600301		渔业物资品牌			
4006004	农资销售				
400600401		渔业物资销售			
4006999	其他农资流通销售				
4007	农业质量安全				
4007001	农产品认证				
…	…	…	…	…	
4007001007		水产苗种产地检疫			
…	…	…	…	…	
4007002	农业质量安全追溯				
4007002001		农产品质量追溯			
400700200101			水产品质量追溯		

表 1（续）

代码	一/二/三级类目	四级类目	五级类目	六级类目	备注
…	…	…	…	…	
4007002004		兽药产品追溯			含渔药追溯
4007002005		饲料及饲料添加剂追溯			
…	…	…	…	…	
60	农业科技与教育				
6001	农业科技创新				
…	…	…	…	…	
6001003	仪器设备				
6001003001		渔业仪器设备			
600100300101			通信类渔业仪器		
60010030010101				渔业船用调频无线电话机	
60010030010102				中频无线电话	
60010030010103				高频无线电话	
60010030010104				甚高频无线电装置	
60010030010105				窄带直接印字电报	
60010030010106				双向甚高频无线电话设备	
60010030010107				应急无线电示位标	
60010030010108				搜救雷达应答器	
60010030010109				国际海事卫星船舶终端	
60010030010110				奈伏泰斯	
60010030010199				其他通信类渔业仪器	
600100300102			导航类渔业仪器		
60010030010201				全球导航卫星系统	
60010030010202				渔业船舶卫星导航仪	
60010030010203				渔业船舶船载北斗卫星导航系统终端	
60010030010204				渔业船舶 CDMA 导航仪	
60010030010205				船载航行数据记录仪	
60010030010206				罗兰 C	
60010030010207				电子海图显示及信息系统终端	
60010030010208				雷达	
60010030010209				磁罗经	
60010030010210				GPS 罗经	
60010030010299				其他导航类渔业仪器	
600100300103			水声助渔类仪器		
60010030010301				回声探测仪	
60010030010302				垂直回声探鱼仪	
60010030010303				水平探鱼仪	
60010030010304				多普勒计程仪	
60010030010305				网位仪	
60010030010399				其他水声助渔类仪器	
600100300104			水质分析类渔业仪器		
60010030010401				溶氧仪	
60010030010402				氨氮水质分析仪	

表 1（续）

代码	一/二/三级类目	四级类目	五级类目	六级类目	备注
60010030010403				电导率仪	
60010030010404				pH 仪	
60010030010499				其他水质分析类渔业仪器	
600100300199			其他渔业仪器		
…	…	…	…	…	

参 考 文 献

[1] GB/T 5147—2003 渔具分类、命名及代号
[2] GB/T 13745—2009 学科分类与代码国家标准
[3] GB/T 21063.4—2007 政务信息资源目录体系 第4部分:政务信息资源分类
[4] SC/T 6054—2012 渔业仪器名词术语
[5] 水产辞典编辑委员会.水产辞典[M].上海:上海辞书出版社,2007

ICS 65.150
CCS B 52

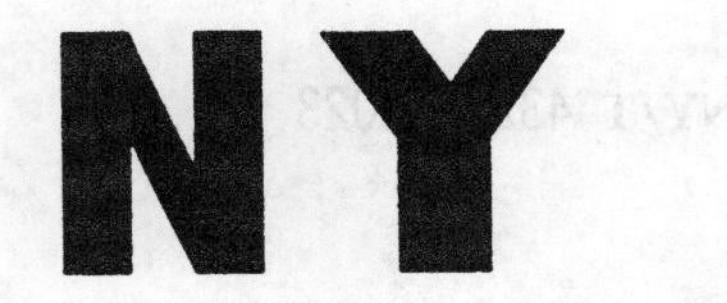

中华人民共和国农业行业标准

NY/T 4328—2023

牛蛙生产全程质量控制技术规范

Technical specification for quality control of bull frog during whole process of production

2023-04-11 发布　　2023-08-01 实施

中华人民共和国农业农村部　发布

前　言

本文件按照 GB/T 1.1—2020《标准化工作导则　第1部分:标准化文件的结构和起草规则》的规定起草。

请注意本文件的某些内容可能涉及专利。本文件的发布机构不承担识别专利的责任。

本文件由农业农村部农产品质量安全监管司提出。

本文件由农业农村部农产品质量安全中心归口。

本文件起草单位:中国水产科学研究院珠江水产研究所、广州观星农业科技有限公司、华南农业大学、上海海洋大学、中国科学院水生生物研究所、湖南大学、中国农业大学、广东省农业科学院农业质量标准与监测技术研究所。

本文件主要起草人:谢骏、舒锐、秦启伟、胡鲲、刘端、殷战、罗永康、王旭、罗清、夏耘。

牛蛙生产全程质量控制技术规范

1 范围

本文件规定了牛蛙生产全程质量控制的组织管理、文件管理、技术要求及产品质量管理等要求，描述了记录管理和内部自查等证实方法。

本文件适用于牛蛙生产和质量的管控。

2 规范性引用文件

下列文件中的内容通过文中的规范性引用而构成本文件必不可少的条款。其中，注日期的引用文件，仅该日期对应的版本适用于本文件；不注日期的引用文件，其最新版本（包括所有的修改单）适用于本文件。

GB 2733 食品安全国家标准 鲜、冻动物性水产品
GB 11607 渔业水质标准
GB 13078 饲料卫生标准
GB 15618 土壤环境质量 农用地土壤污染风险管控标准（试行）
GB/T 19163 牛蛙
GB/T 29568 农产品追溯要求 水产品
NY/T 3616 水产养殖场建设规范
SC/T 3035 水产品包装、标识通则

3 术语和定义

本文件没有需要界定的术语和定义。

4 组织管理

4.1 生产主体及组织机构

4.1.1 生产主体为经法人登记的组织（如企业、合作社等）或个体工商户。

4.1.2 应建立与生产相适应的组织机构，包含采购、养殖、检验和质量控制、储存运输、销售等岗位，明确各部门岗位职责。

4.2 人员管理

4.2.1 牛蛙生产主体应根据生产需要配备必要的技术人员、生产人员和质量管理人员。生产区域应配备具有应急处理能力的人员。

4.2.2 生产主体应对员工进行基本的公共卫生安全、生产技术知识和质量安全培训，并及时进行更新培训，保存培训记录。

4.2.3 苗种培育、养殖生产、病害防控和电工等关键岗位工作人员，应具备相应的专业知识。电工等特殊岗位工作人员应持证上岗。

5 文件管理

生产主体应根据实际生产编制并实施相关管理制度、程序文件和作业指导书。制度文件内容包括但不限于：

a) 制度包括生产投入品管理制度、产品质量管理制度、仓库管理制度、人员管理制度、卫生管理制度、生产记录和档案管理制度等；

b） 操作程序包括水质检测及调控、生产投入品使用、病死牛蛙和其他废弃物处理以及防牛蛙逃逸处理等程序；

c） 作业指导书包括种苗培育、分级、病害防治、捕捞、储藏和运输等生产过程。

6 技术要求

6.1 场地环境与管理

6.1.1 场地环境

6.1.1.1 生产场地选址应符合当地规定的养殖水域滩涂规划等相关法规文件的要求。

6.1.1.2 养殖前应对产地环境进行调查和评估，并保存相关的记录。调查和评估内容包括：

a） 周围农用、民用和工业用水的排污情况，水源污染和土壤的侵蚀情况以及场地的历史使用情况；

b） 检测养殖水源水质和土壤，水源水质应符合 GB 11607 的要求，土壤应符合 GB 15618 的要求。

6.1.2 场地管理

养殖场应布局合理、分区科学，标识明确并符合牛蛙生物习性，且不应对牛蛙造成应激或污染。各功能区的规划布局应符合 NY/T 3616 的规定。

6.2 养殖管理

6.2.1 苗种选择

种质应符合 GB/T 19163 的要求。苗种应来源于具有水产苗种生产许可证的生产主体，选择体表无损伤的健康个体。

6.2.2 入池前准备

在蛙苗下池前，对蛙苗和养殖池进行消毒。投苗前，应用蛙苗试水。

6.2.3 放养

根据不同养殖模式、养殖规格、环境条件等确定适宜养殖密度。蝌蚪放养密度见表 1，成蛙放养密度见表 2。

表 1 蝌蚪放养密度

规格，cm	密度，尾/m^2
＜3	＞800～1 500
3～＜5	＞500～800
≥5	＞300～500

表 2 成蛙放养密度

养殖方式	规格，g	密度，只/m^2
浅水式	＜50	200～＜300
	50～＜100	150～＜200
	100～＜200	90～＜150
	≥200	＜90
深水式	＜50	220～＜300
	50～＜100	180～＜220
	100～＜200	110～＜180
	≥200	＜110

6.2.4 投饲

根据不同生长阶段和环境，选择合适的投喂方法和投喂频率，养成至一定规格时需要进行转料投喂。不同规格牛蛙饲料颗粒的粒径要求见表 3。投喂量控制在投料 1 h 后无剩料，每日早晚各投喂 1 次。根据天气情况或牛蛙自身健康情况进行减料或停料。

表 3 不同规格牛蛙饲料颗粒的粒径要求

规格,g	粒径,mm
50～<100	3.0
100～<200	4.0
200～<250	5.0
≥250	6.0

6.2.5 水位控制

养殖蝌蚪保持 20 cm～30 cm 水深。浅水式养殖成蛙保持 10 cm 以内的水深,深水式养殖成蛙保持 20 cm～50 cm 水深。保持水位稳定,定期调节底质。

6.2.6 防逃逸

在养殖场地安装防逃逸围网,高度不低于 30 cm,及时更换破损围网。

6.2.7 尾水处理

尾水宜因地制宜采用工程和生态相结合的工艺进行处理,循环使用。排放水应符合当地养殖尾水排放要求。

6.3 投入品管理

6.3.1 采购

应购买获得国家登记许可、证件有效齐全的质量合格的生产投入品,并按照标签和说明书对投入品进行核查验收。购买时应进行实名登记,索取并保存购买凭据等证明材料。

6.3.2 储存

投入品应分类储存,标识清晰,采用物理隔离方式防止交叉污染。储存仓库应符合防火、卫生、防腐、防生物侵害、避光和通风等安全条件。出入处贴有警示标志,专人管理。设立进出库台账。

6.3.3 使用

6.3.3.1 水产用兽药

水产用兽药见《水产养殖用药明白纸》,并在执业兽医师的指导下使用。

6.3.3.2 饲料

饲料卫生应符合 GB 13078 的要求,不应使用变质和过期的配合饲料。

6.3.3.3 施药器械

施药器械宜分类专用。施药前,施药器械应确保洁净并校准;施药后,器械及时清洗干净放置。

6.3.3.4 其他

农膜和渔业机械等其他养殖投入品的使用应符合国家相关法律法规和技术标准的要求。

6.4 病害防治

以预防为主。主要防治措施包括:

a) 在养殖过程中,改善养殖环境,不定期消毒;

b) 病蛙及时隔离治疗处理,兽药使用按照 6.3.3.1 的规定执行;

c) 死蛙及时捞出进行深埋等无害化处理;

d) 工具使用后应进行消毒,避免交叉感染。

6.5 捕捞

成蛙上市前做好停料工作,检查养殖用药记录并进行产品检测。养殖过程中使用的各种渔药应符合休药期的规定,产品质量应符合 GB 2733 的规定。宜选择早上捕捞。将牛蛙捞进网袋,根据运输距离和季节的不同,确定每个网袋中合理的数量,装好牛蛙的网袋放入蛙筐中,待水沥干后计量,加冰装车。

6.6 分级

根据需求,按照大小规格对牛蛙进行分级。

6.7 储存

应有安全卫生和防止逃逸设施的储存场所。储存期间不再投喂饲料。应避免暴晒和污染。

6.8 包装和标识

应符合 SC/T 3035 的规定。

6.9 运输

运输工具应清洁、无异味、无污染，不与易串味物品以及可能带来污染的货物混装运输。运输温度不高于 20 ℃，运输中应防暴晒、防污染和防逃逸。

7 产品质量管理

7.1 合格管理

企业和农民专业合作社等生产主体应当保证其销售的牛蛙生产过程符合全程质量安全控制要求，产品质量应符合 GB 2733 的规定，并根据质量安全控制、检测结果等开具承诺达标合格证。鼓励和支持农户销售农产品时开具承诺达标合格证。

7.2 追溯管理

按照 GB/T 29568 的规定执行。

8 记录管理和内部自查

8.1 记录管理

8.1.1 记录应涵盖并如实反映牛蛙生产全过程，宜包括基本情况记录（生产设施设备采购、使用、维修等记录）、生产记录（投入品采购、储存、使用及供应商评价记录，生产、预防和治疗记录，无害化处理记录，包装、标识和运输记录，销售及追溯码和召回与处置记录等）、检验记录（投入品、产品检验等记录）、人员培训记录和内部自查记录等。

8.1.2 记录可采用纸质记录或电子记录，所有记录保存期不应少于该批产品销售后 3 年。

8.2 内部自查

生产主体应建立并实施内部自查制度。每年应至少自查 1 次。自查内容应涵盖本文件各项技术要求。对不符合项应及时采取整改措施。

参 考 文 献

[1] 农业农村部渔业渔政管理局,中国水产科学研究院,全国水产技术推广总站.水产养殖用药明白纸

ICS 65.150
CCS B 52

中华人民共和国水产行业标准

SC/T 1135.8—2023

稻渔综合种养技术规范 第8部分：稻鲤（平原型）

Technical specification for integrated farming of rice and aquaculture animal—Part 8: Rice and carp for plain areas

2023-04-11 发布

2023-08-01 实施

中华人民共和国农业农村部 发布

前　言

本文件按照 GB/T 1.1—2020《标准化工作导则　第 1 部分:标准化文件的结构和起草规则》的规定起草。

本文件是 SC/T 1135《稻渔综合种养技术规范》的第 8 部分。SC/T 1135 已经发布了以下部分:

——第 1 部分:通则;

——第 2 部分:稻鲤(梯田型);

——第 3 部分:稻蟹;

——第 4 部分:稻虾(克氏原螯虾);

——第 5 部分:稻鳖;

——第 6 部分:稻鳅;

——第 7 部分:稻鲤(山丘型)。

请注意本文件的某些内容可能涉及专利。本文件的发布机构不承担识别专利的责任。

本文件由农业农村部渔业渔政管理局提出。

本文件由全国水产标准化技术委员会淡水养殖分技术委员会(SAC/TC 156/SC 1)归口。

本文件起草单位:全国水产技术推广总站、四川省农业科学院水产研究所、成都市农林科学院、中国水产科学研究院淡水渔业研究中心、四川省水产学会、成都大胃王农业集团有限公司。

本文件主要起草人:杜军、周剑、郝向举、于秀娟、党子乔、刘亚、林珏、李强、张露、徐跑、徐钢春、曹英伟、邓红兵、聂志娟、王俊、邵乃麟、杨霖坤、王祖峰、李东萍、陈霞、钱舟明、曾道文。

引　言

稻渔综合种养是一种典型的生态循环农业模式，稳粮增效、环境友好，已发展成为我国实施乡村振兴战略的重要产业之一。在生产实践中，各地因地制宜，在稻田养殖鲤之外，引入中华绒螯蟹、克氏原螯虾、中华鳖、泥鳅等特种经济水产动物，集成创新发展了稻鲤、稻蟹、稻虾(克氏原螯虾)、稻鳖、稻鳅等多种种养模式，形成了各自相对成熟的生产技术体系。但由于各地发展水平不均衡，对稻渔综合种养的认识有差异，不同种养模式之间的关键技术指标和要求不统一，制约了稻渔综合种养的效益和发展。因此，通过制定稻渔综合种养技术规范，统一关键技术指标和要求，并对各种养模式提供标准化、规范化的技术指导，有利于发挥稻渔综合种养“以渔促稻、稳粮增效、生态环保”的作用，促进产业的健康和可持续发展。

SC/T 1135 拟由以下部分构成：

——第 1 部分：通则；

——第 2 部分：稻鲤(梯田型)；

——第 3 部分：稻蟹；

——第 4 部分：稻虾(克氏原螯虾)；

——第 5 部分：稻鳖；

——第 6 部分：稻鳅；

——第 7 部分：稻鲤(山丘型)；

——第 8 部分：稻鲤(平原型)。

……

第 1 部分的目的在于规范稻渔综合种养的术语和定义，明确技术指标和技术集成要求，建立综合效益评价方法，为起草不同技术模式的标准提供需要遵守的基本原则和技术要求。第 2 部分到第 8 部分是在第 1 部分的基础上，针对各种养模式，明确具体的技术要求。其中，第 8 部分是针对平原型稻鲤综合种养，明确环境条件、田间工程、水稻种植和鲤养殖等技术要求，提供关键技术指导，便于稻鲤综合种养生产主体在生产实践中使用，从而稳定水稻产量，提高鲤的产量和质量，保护稻田生态环境，提高稻田综合效益。

稻渔综合种养技术规范　第8部分:稻鲤(平原型)

1　范围

本文件规定了平原地区稻鲤综合种养的环境条件、田间工程、水稻种植、鲤养殖等技术要求,描述了生产记录。

本文件适用于平原水稻主产区稻鲤综合种养的生产与管理。

2　规范性引用文件

下列文件中的内容通过文中的规范性引用而构成本文件必不可少的条款。其中,注日期的引用文件,仅该日期对应的版本适用于本文件;不注日期的引用文件,其最新版本(包括所有的修改单)适用于本文件。

GB 2733　食品安全国家标准　鲜、冻动物性水产品

GB 11607　渔业水质标准

GB 13078　饲料卫生标准

GB/T 22213　水产养殖术语

NY/T 496　肥料合理使用准则　通则

NY/T 755　绿色食品　渔药使用准则

NY/T 1276　农药安全使用规范　总则

SC/T 1135.1　稻渔综合种养技术规范　第1部分:通则

3　术语和定义

GB/T 22213、SC/T 1135.1界定的术语和定义适用于本文件。

4　环境条件

4.1　稻田选择

选择水源充足、保水保肥和排灌方便的平原稻田。

4.2　水源水质

水源充沛,稻田水质符合GB 11607的要求。

5　田间工程

5.1　沟坑

田块大于0.33 hm^2,采用沟坑结合形式;田块小于0.33 hm^2,采用只开沟不设鱼坑形式,沟坑占比不超过稻田总面积的10%。留出农机通道,不同面积稻田适宜的鱼沟宽、深和形状见附录A。

5.2　田埂

加高、加宽、加固田埂,田埂高于稻田厢面30 cm～50 cm,上顶宽大于50 cm,坡比1∶1.25。

5.3　进排水工程

进排水口应对角设置,进水口建在稻田近水源端的田埂处,排水口建在稻田的低处,保证水位可控。

5.4　防逃设施

在进排水口应设置拦鱼栅,拦鱼栅密疏以鱼不能外逃为宜,宽度为进排水口宽度的2倍,并高出田埂,底部入泥20 cm～35 cm。

6　水稻种植

6.1　品种选择

水稻品种选择茎秆粗壮、分蘖力中等、抗逆性强、丰产性能好、品质优、适宜当地种植的中大穗型品种，水稻种子来源于合法的种子生产经营单位，经检疫合格。保留采购单据和检疫合格证明。

6.2 田面整理

水稻栽插前完成田面整理工作，田面平整，土壤松软。

6.3 栽插方式

水稻以适龄壮秧、机械栽插方式为主，沟边密植。单位面积水稻栽插穴数不少于当地水稻单作。

6.4 晒田

水稻群体苗数达到预期穗数的80%时，排水适时晒田。晒田前，应将鱼集中在沟坑中，晒好田后及时复水。

6.5 施肥

肥料使用应符合NY/T 496的要求，追肥时应降低水位，使鱼集中于沟坑中。

6.6 水位管理

稻田厢面水位以8 cm～15 cm为宜，高温季节应适当加深水位，定期换、补水。

6.7 病虫害防治

水稻病虫害防治以生态防治为主，应选用高效、低毒、低残留农药，农药使用应符合NY/T 1276的要求。

6.8 收割

收割前使鱼集中于沟坑中，谷粒成熟度达90%时适时收割。水稻收割后，秸秆宜还田利用。

6.9 水稻生产指标

水稻产量每667 m^2 不应低于500 kg，水稻质量、经济效益和生态效益应符合SC/T 1135.1的要求。

7 鲤养殖

7.1 品种及来源

鲤苗种来源于合法的苗种生产经营单位，体质健壮、规格整齐，经检疫合格。保留采购单据和检疫合格证明。

7.2 放养方式

苗种放养前，应用2%～4%的食盐水浸泡10 min～15 min，放养前后水温相差≤3 ℃。

7.3 放养密度

秧苗返青后，每667 m^2 放养鱼种300尾～400尾，规格为100 g/尾～150 g/尾，可搭配鲢、鳙等滤食性鱼类。在稻谷收割后，可加深水位，进行成鱼养殖。

7.4 投喂

养殖期间，可适当投喂人工配合饲料，饲料应符合GB 13078的要求。

7.5 日常管理

坚持定期巡田，调控水深、水质，观察水稻生长和鱼类活动情况，检查防逃设施，及时疏通沟坑。关注天气变化，做好防范预案。

7.6 鱼病及生物敌害防范

7.6.1 鱼病防治

坚持预防为主、防治结合的原则，渔药使用应符合NY/T 755的要求。

7.6.2 生物敌害防控

对飞鸟、老鼠、蛇等生物敌害，应采取驱逐、围栏等方法进行防控。

7.7 捕获

采用捕大留小的方法分批上市，产品质量安全应符合GB 2733的要求。

8 生产记录

制定投入品使用管理制度，建立投入品使用台账，保留水稻和水产品相关生产记录。

附 录 A
(资料性)
不同面积稻田适宜的鱼沟宽、深和形状

不同面积稻田适宜的鱼沟宽、深和形状见表 A.1。

表 A.1　不同面积稻田适宜的鱼沟宽、深和形状

稻田面积 hm^2	鱼沟宽 m	鱼沟深 m	鱼沟宜采用形状
<0.33	0.8～1.2	0.6～1.0	“一”或“L”字形
0.33～0.67	1.2～1.5	1.0～1.2	“L”或“U”字形
>0.67	1.2～3.0	1.0～1.5	“U”或“口”字形

ICS 65.150
CCS B 52

中华人民共和国水产行业标准

SC/T 1168—2023

鳊

White bream

2023-04-11 发布　　2023-08-01 实施

中华人民共和国农业农村部　发布

前　言

本文件按照GB/T 1.1—2020《标准化工作导则　第1部分:标准化文件的结构和起草规则》的规定起草。

请注意本文件的某些内容可能涉及专利。本文件的发布机构不承担识别专利的责任。

本文件由农业农村部渔业渔政管理局提出。

本文件由全国水产标准化技术委员会淡水养殖分技术委员会(SAC/TC 156/SC 1)归口。

本文件起草单位:华中农业大学、湖北省水产科学研究所、全国水产技术推广总站、襄阳职业技术学院。

本文件主要起草人:高泽霞、温周瑞、王建波、张秀杰、张克磊、李修峰、周琼、王卫民。

鳊

1 范围

本文件确立了鳊[*Parabramis pekinensis* (Basilewsky,1855)]的学名与分类，规定了鳊种质鉴定的主要形态构造特征、生长与繁殖、细胞遗传学和生化遗传学特性，描述了相应的检测方法，给出了判定规则。

本文件适用于鳊的种质检测与鉴定。

2 规范性引用文件

下列文件中的内容通过文中的规范性引用而构成本文件必不可少的条款。其中，注日期的引用文件，仅该日期的对应的版本适用于本文件；不注日期的引用文件，其最新版本（包括所有的修改单）适用于本文件。

GB/T 18654.1　养殖鱼类种质检验　第1部分：检验规则

GB/T 18654.2　养殖鱼类种质检验　第2部分：抽样方法

GB/T 18654.3　养殖鱼类种质检验　第3部分：性状测定

GB/T 18654.4　养殖鱼类种质检验　第4部分：年龄与生长测定

GB/T 18654.6　养殖鱼类种质检验　第6部分：繁殖性能的测定

GB/T 18654.12　养殖鱼类种质检验　第12部分：染色体组型分析

GB/T 18654.13　养殖鱼类种质检验　第13部分：同工酶电泳分析

GB/T 22213　水产养殖术语

3 术语和定义

GB/T 18654.3 和 GB/T 22213 界定的术语和定义适用于本文件。

4 学名与分类

4.1 学名

鳊[*Parabramis pekinensis*(Basilewsky,1855)]。

4.2 分类地位

脊索动物门(Chordata)、硬骨鱼纲(Osteichthyes)、鲤形目(Cypriniformes)、鲤科(Cyprinidae)、鲌亚科(Cultrinae)、鳊属(*Parabramis*)。

5 主要形态构造特征

5.1 外部形态特征

5.1.1 外形

体高而侧扁，呈长菱形。头尖小，口端位，斜向上，上颌比下颌稍长，无须。眼侧位，位于体侧中轴线上，眼间宽。咽齿3行，齿细小而侧扁，顶端稍呈钩状。腹棱完全，从胸鳍基部直到肛门。侧线平缓且完全，位于体侧中央，向后伸达尾鳍基。鳞中等大，背腹部鳞较体侧为小。

背鳍位于腹鳍基的后上方，具有3枚硬刺，后缘光滑。胸鳍末端稍尖，不达腹鳍起点。腹鳍位于背鳍的前下方，后伸不达肛门。臀鳍基部长，外缘微凹，起点与背鳍基部末端相对。尾柄短，尾鳍深叉形，末端尖形，尾鳍两叶基本等长。

体背和头部背面青灰色，带有浅绿色光泽。体侧银灰色，无条纹。腹面银白色。各鳍边缘呈灰黑色。

鳊外形见图1。

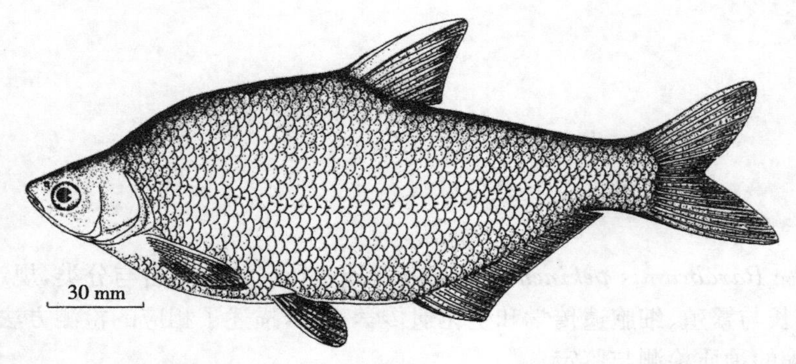

图1　鳊外形

5.1.2　可数性状

5.1.2.1　鳍式

背鳍：D. iii-7～8。

臀鳍：A. iii-27～36。

5.1.2.2　鳞式

$52\frac{11\sim13}{6\sim9\text{-}V}62$。

5.1.3　可量性状

体长16.6 cm～39.9 cm、体重70.8 g～812.8 g的个体，实测可量性状比值见表1。

表1　鳊可量性状实测比值

全长/体长	体长/体高	体长/头长	体长/尾柄长	体长/尾柄高	尾柄长/尾柄高	头长/眼径	头长/眼间距	头长/吻长
1.21±0.03	2.72±0.15	5.05±0.31	9.18±1.08	9.29±0.56	1.02±0.11	4.29±0.73	2.43±0.35	3.74±0.46

5.2　内部构造特征

5.2.1　鳔

3室，前室约为中室的3/5；中室最长，前端粗，后端略小；后室小，约为中室的1/5。

5.2.2　下咽齿

3行，齿式为2·4·5(4)/5(4)·4·2，少数为2·3·4/5·3·2。

5.2.3　鳃耙数

左侧第一鳃弓外侧鳃耙数为13枚～20枚，多数为16枚～18枚。

5.2.4　脊椎骨数

4+39枚～43枚。

5.2.5　腹膜

灰黑色。

6　生长与繁殖

6.1　生长

鳊不同年龄组体长、体重的实测值见表2。

表2　鳊不同年龄组的体长及体重实测值

年龄，龄	0^+	1^+	2^+	3^+
体长，cm	14.5～23.1	22.3～33.6	23.5～36.8	34.3～40.2
体重，g	55.3～236.5	193.0～705.3	233.4～1 011.7	851.2～1 425.6

6.2　繁殖

6.2.1　性成熟年龄

在自然条件下,雌鱼初次性成熟年龄为2龄或3龄,雄鱼初次性成熟年龄为1龄或2龄。

6.2.2　产卵时间

4月—8月。

6.2.3　繁殖水温

适宜繁殖水温为20℃～26℃。

6.2.4　产卵类型

漂流性卵,分批产卵。

6.2.5　怀卵量

不同年龄组个体怀卵量见表3。

表3　鳊不同年龄组个体怀卵量

项目	年龄,龄		
	1^+	2^+	3^+
绝对怀卵量,$\times 10^4$粒	3.12～8.30	9.52～13.55	12.30～20.68
相对怀卵量,粒/g体重	90.3～120.1	106.2～147.0	132.7～167.5

7　遗传学特性

7.1　细胞遗传学特性

体细胞染色体数:$2n$=48。染色体臂数(NF):90。染色体核型公式:$2n$=16m+26sm+6st。鳊染色体组型见图2。

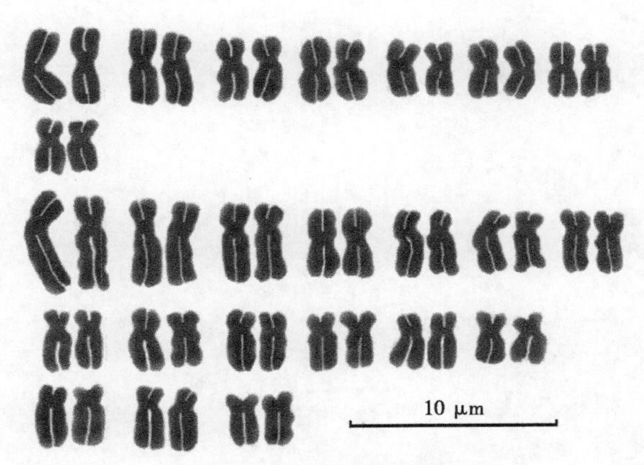

图2　鳊染色体组型

7.2　生化遗传特性

鳊肌肉组织乳酸脱氢酶(LDH)同工酶(6条酶带)电泳图及扫描图见图3。

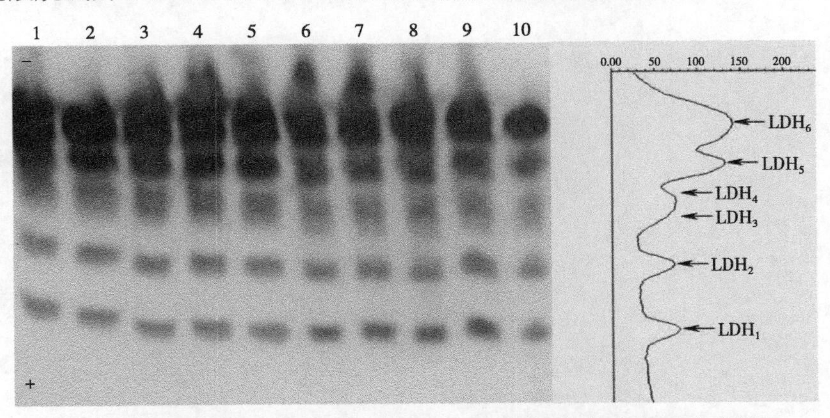

图3　鳊肌肉组织乳酸脱氢酶(LDH)同工酶电泳图及扫描图

8 检测方法

8.1 抽样

按 GB/T 18654.2 的规定执行。

8.2 主要形态构造特征测定

按 GB/T 18654.3 的规定执行。

8.3 生长与繁殖测定

生长按 GB/T 18654.4 的规定执行，繁殖按 GB/T 18654.6 的规定执行。

8.4 细胞遗传学特性测定

按 GB/T 18654.12 的规定执行。

8.5 生化遗传学特性

取肌肉组织 2 g。采用聚丙烯酰胺凝胶垂直电泳，凝胶浓度为 7.5%，凝胶缓冲液为 Tris-HCl(pH 8.9)，电极缓冲液为 Tris-甘氨酸(pH 8.3)。在 230 V 电压下电泳 4 h。其余步骤按 GB/T 18654.13 的规定执行。

9 判定规则

按 GB/T 18654.1 的规定执行。

ICS 65.150
CCS B 52

中华人民共和国水产行业标准

SC/T 1169—2023

西太公鱼

Hypomesus nipponensis

2023-04-11 发布　　2023-08-01 实施

中华人民共和国农业农村部　发布

前　言

本文件按照 GB/T 1.1—2020《标准化工作导则　第 1 部分：标准化文件的结构和起草规则》的规定起草。

请注意本文件的某些内容可能涉及专利。本文件的发布机构不承担识别专利的责任。

本文件由农业农村部渔业渔政管理局提出。

本文件由全国水产标准化技术委员会淡水养殖分技术委员会(SAC/TC 156/SC 1)归口。

本文件起草单位：中国水产科学研究院黑龙江水产研究所、宽甸满族自治县水产苗种管理站。

本文件主要起草人：李池陶、葛彦龙、王世会、李保、胡雪松、尚梅、户国、栾培贤、石连玉、贾智英。

西太公鱼

1 范围

本文件确立了西太公鱼[*Hypomesus nipponensis*(McAllister,1963)]的学名与分类,规定了西太公鱼种质鉴定的主要形态构造特征、生长与繁殖、细胞遗传学和生化遗传学特性,描述了相应的检测方法,给出了判定规则。

本文件适用于西太公鱼的种质检测与鉴定。

2 规范性引用文件

下列文件中的内容通过文中的规范性引用而构成本文件必不可少的条款。其中,注日期的引用文件,仅该日期对应的版本适用于本文件;不注日期的引用文件,其最新版本(包括所有的修改单)适用于本文件。

GB/T 18654.1 养殖鱼类种质检验 第1部分:检验规则

GB/T 18654.2 养殖鱼类种质检验 第2部分:抽样方法

GB/T 18654.3 养殖鱼类种质检验 第3部分:性状测定

GB/T 18654.4 养殖鱼类种质检验 第4部分:年龄与生长测定

GB/T 18654.6 养殖鱼类种质检验 第6部分:繁殖性能的测定

GB/T 18654.12 养殖鱼类种质检验 第12部分:染色体组型分析

GB/T 18654.13 养殖鱼类种质检验 第13部分:同工酶电泳分析

GB/T 22213 水产养殖术语

3 术语和定义

GB/T 18654.3 和 GB/T 22213 界定的术语和定义适用于本文件。

4 学名与分类

4.1 学名

西太公鱼[*Hypomesus nipponensis*(McAllister,1963)]。

4.2 分类地位

脊索动物门(Chordata)、辐鳍鱼纲(Actinopterygii)、鲑形目(Salmoniformes)、胡瓜鱼科(Osmeridae)、公鱼属(*Hypomesus*)。

5 主要形态构造特征

5.1 外部形态特征

5.1.1 外形

体细长,稍侧扁。吻部无须。口前上位,口裂大略向上倾斜,上颌骨后缘末端达眼睛瞳孔前缘。眼大,位于体轴中上方。鳃盖骨片薄而柔韧,银白色,鳃盖膜不与颊部相连。除头部外,全身被椭圆形鳞片,侧线位于体轴上,较平直。背鳍起点与腹鳍起点近相对,位于体中部;具脂鳍,末端游离呈屈指状,与臀鳍后端相对;臀鳍基部较长,边缘平或稍内凹;尾鳍叉型。在水中,身体中、后部呈半透明状;背部淡褐色,背部鳞片边缘具灰黑色斑点;体侧中线有一条银色条带;腹部银白色;鳍条灰色,末端半透明。

西太公鱼外形见图1。

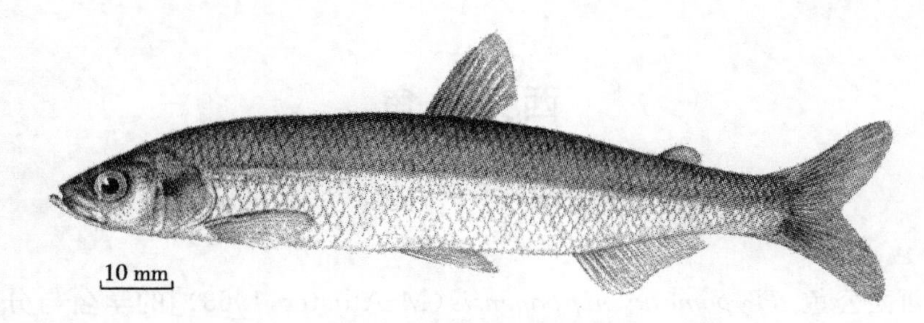

图 1 西太公鱼外形

5.1.2 可数性状

5.1.2.1 鳍式

背鳍：D. iii-7～11。

臀鳍：A. iii-13～18。

5.1.2.2 鳞式

$53\frac{6\sim7}{5\sim7\text{-}V}68$。

5.1.3 可量性状

自然水域的体长 45 mm～97 mm、体重 0.9 g～8.7 g 个体，实测可量性状比值见表 1。

表 1 西太公鱼可量性状实测比值

体长/体高	体长/体厚	体长/头长	头长/吻长	头长/眼径	头长/眼间距	体长/尾柄长	体长/尾柄高
5.10～8.88	8.72～15.51	4.10～5.13	3.08～5.35	3.22～5.86	3.91±7.78	6.71～16.45	14.07～20.17

5.2 内部构造特征

5.2.1 鳔

一室，末端尖细，呈圆锥状，纵贯腹腔。

5.2.2 腹膜

银灰色。

5.2.3 幽门盲囊

1 条～7 条。

5.2.4 脊椎骨数

52 枚～62 枚。

5.2.5 鳃耙数

左侧第一鳃弓外侧鳃耙数为 28 枚～37 枚。

6 生长与繁殖

6.1 生长

自然水体不同月龄组体长、体重的实测值见表 2。

表 2 西太公鱼不同月龄组的体长和体重实测值

月龄	3	6	12
体长，mm	29.37～62.17	58.56～83.27	74.17～97.06
体重，g	0.2～2.1	1.9～5.9	4.3～8.7

6.2 繁殖

6.2.1 性成熟年龄

雌鱼和雄鱼均1龄。

6.2.2 繁殖季节

每年的1月—5月，繁殖盛期3月下旬至4月上旬。

6.2.3 繁殖水温

繁殖水温为4 ℃～16 ℃，最适水温为6 ℃～10 ℃。

6.2.4 产卵类型

产沉性卵，黏性强；一次产卵，产后亲本多数死亡。

6.2.5 怀卵量

体重(5.21±1.39)g成熟个体，绝对怀卵量为(5.43±2.44)×10^3粒，相对怀卵量为(1 017.27±283.97)粒/g体重。

7 遗传学特性

7.1 细胞遗传学特性

体细胞染色体数：$2n$＝56；核型公式：12m＋10sm＋34t；染色体臂数(NF)：78。西太公鱼染色体组型见图2。

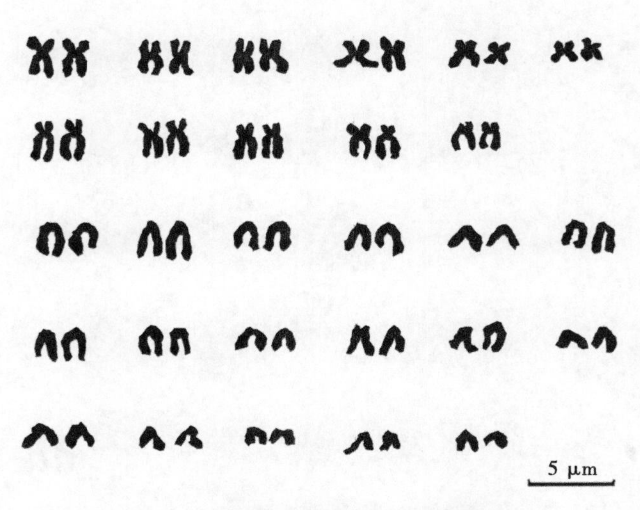

图2 西太公鱼染色体组型

7.2 生化遗传学特性

西太公鱼眼晶状体乳酸脱氢酶(LDH)同工酶(5条带)电泳图及扫描图见图3。

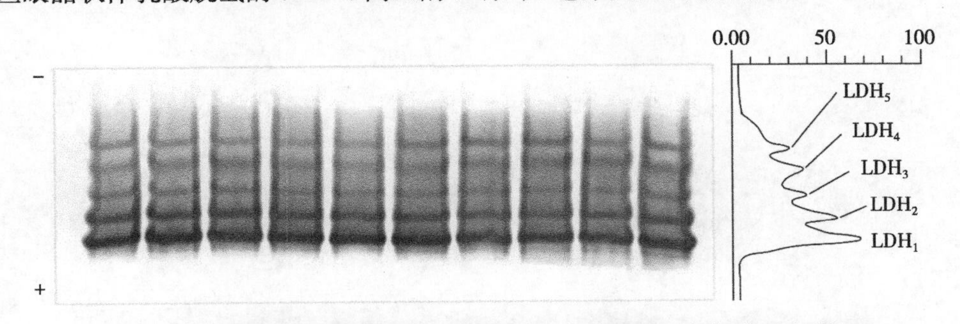

图3 西太公鱼眼晶状体乳酸脱氢酶(LDH)同工酶电泳及扫描图

8 检测方法

8.1 抽样

按GB/T 18654.2的规定执行。

8.2 主要形态构造特征测定

按 GB/T 18654.3 的规定执行。

8.3 生长与繁殖测定

生长按 GB/T 18654.4 的规定执行,繁殖按 GB/T 18654.6 的规定执行。

8.4 细胞遗传学特性测定

按 GB/T 18654.12 的规定执行。

8.5 生化遗传学特性测定

制样时需脱脂:组织匀浆液加入 1/2 的氯仿,振荡后离心。采用不连续聚丙烯酰胺凝胶垂直板电泳:分离胶浓度 4.5%,浓缩胶 5.5%,电压 250 V。

检测用试剂按附录 A 的规定配制。其余步骤按 GB/T 18654.13 的规定执行。

9 判定规则

按 GB/T 18654.1 的规定执行。

附　录　A
（规范性）
同工酶试剂配制

同工酶试剂配制见表 A.1。

表 A.1　同工酶试剂配制

编号	名称	参数	配方
A_1	浓缩胶缓冲液	0.5 mol/L Tris-HCl pH 6.8	Tris 6.05 g，HCl 调 pH 6.8，定容至 100 mL
A_2	分离胶缓冲液	1 mol/L Tris-HCl pH 8.8	Tris 12.1 g，HCl 调 pH 8.8，定容至 100 mL
B_0	凝胶储液	20%Arc - Bis	Arc 19.4 g，Bis 0.6 g，定容至 100 mL
B_1	浓缩胶储液	12%Arc - Bis	B_0 54 mL，纯水 36 mL，4 ℃保存
B_2	分离胶储液	14.7%Arc - Bis	B_0 66 mL，纯水 24 mL，4 ℃保存
C	TEMED 液	0.46%	TEMED 0.46 mL，纯水 100 mL
D	AP 液	0.56%	AP 0.56 g，纯水 100 mL
E	浓缩胶终液	4.50%	A_1 ∶ B_1 ∶ C ∶ D=3 ∶ 3 ∶ 1 ∶ 1，现用现配
F	分离胶终液	5.50%	A_2 ∶ B_2 ∶ C ∶ D=3 ∶ 3 ∶ 1 ∶ 1，现用现配
G	电极缓冲液	Tris-甘氨酸 pH 8.3	Tris 3.0 g，甘氨酸 14.4 g，纯水 1 L

ICS 65.150
CCS B 52

中华人民共和国水产行业标准

SC/T 1170—2023

梭　鲈

Pikeperch

2023-04-11 发布　　2023-08-01 实施

中华人民共和国农业农村部　发布

前　言

本文件按照 GB/T 1.1—2020《标准化工作导则　第 1 部分：标准化文件的结构和起草规则》的规定起草。

请注意本文件的某些内容可能涉及专利。本文件的发布机构不承担识别专利的责任。

本文件由农业农村部渔业渔政管理局提出。

本文件由全国水产标准化技术委员会淡水养殖分技术委员会(SAC/TC 156/SC 1)归口。

本文件起草单位：中国水产科学研究院黑龙江水产研究所。

本文件主要起草人：郑先虎、孙志鹏、曹顶臣、鲁翠云、吕伟华、吴学工、何立川。

梭　鲈

1　范围

本文件确立了梭鲈[*Sander lucioperca*(Linnaeus,1758)]的学名与分类,规定了梭鲈种质鉴定的主要形态构造特征、生长与繁殖、细胞遗传学和生化遗传学特性,描述了相应的检测方法,给出了判定规则。

本文件适用于梭鲈的种质检测与鉴定。

2　规范性引用文件

下列文件中的内容通过文中的规范性引用而构成本文件必不可少的条款。其中,注日期的引用文件,仅该日期对应的版本适用于本文件;不注日期的引用文件,其最新版本(包括所有的修改单)适用于本文件。

GB/T 18654.1　养殖鱼类种质检验　第1部分:检测规则
GB/T 18654.2　养殖鱼类种质检验　第2部分:抽样方法
GB/T 18654.3　养殖鱼类种质检验　第3部分:性状测定
GB/T 18654.4　养殖鱼类种质检验　第4部分:年龄与生长的测定
GB/T 18654.6　养殖鱼类种质检验　第6部分:繁殖性能的测定
GB/T 18654.12　养殖鱼类种质检验　第12部分:染色体组型分析
GB/T 18654.13　养殖鱼类种质检验　第13部分:同工酶电泳分析
GB/T 22213　水产养殖术语

3　术语和定义

GB/T 18654.3 和 GB/T 22213 界定的术语和定义适用于本文件。

4　学名与分类

4.1　学名

梭鲈[*Sander lucioperca*(Linnaeus,1758)]。

4.2　分类地位

脊索动物门(Chordata)、硬骨鱼纲(Osteichthyes)、鲈形目(Perciformes)、鲈科(Percidae)、梭鲈属(*Sander*)。

5　主要形态构造特征

5.1　外部形态特征

5.1.1　外形

体呈梭形。口端位,两颌约等长,上下颌骨、犁骨与腭骨均具齿。鳃孔大,鳃盖膜分离,不与颊部相连,前鳃盖骨后缘有锯齿。体被栉鳞,颊部无鳞或仅上部具鳞,侧线完整,侧上位。背鳍分离,间距较短,第一背鳍全为棘,第二背鳍前部为2个～3个棘,后部为分枝鳍条,背鳍具黑色条状斑纹,胸鳍侧位偏低,腹鳍胸位,臀鳍起点略后于第二背鳍起点。背部和两侧呈青灰色或棕褐色,腹部银白色,体侧中、上部有黑色不规则的横纹9条～14条。

梭鲈外形见图1。

图1　梭鲈外形

5.1.2　可数性状

5.1.2.1　鳍式

背鳍：D. Ⅻ～ⅩⅤ，Ⅱ～Ⅲ-19～22。

臀鳍：A. Ⅱ-11～13。

5.1.2.2　鳞式

$86\frac{13\sim21}{17\sim27\text{-}A}118$。

5.1.2.3　可量性状

在人工养殖条件下，体长 16.41 cm～58.76 cm、体重 46.98 g～2 142.38 g 的个体，实测可量性状比值见表1。

表1　梭鲈可量性状比值

全长/体长	体长/体高	体长/头长	头长/吻长	头长/眼径	头长/眼间距	体长/尾柄长	尾柄长/尾柄高
1.13±0.02	5.29±0.19	3.98±0.34	4.36±0.42	5.81±0.46	3.44±0.32	4.36±0.38	2.71±0.36

5.2　内部构造特征

5.2.1　鳔

一室，呈梭形，无鳔管。

5.2.2　鳃耙数

左侧第一鳃弓外侧鳃耙数为12枚～15枚。

5.2.3　腹膜

银白色。

5.2.4　脊椎骨数

43枚～46枚。

5.2.5　幽门盲囊

5条～8条。

6　生长与繁殖

6.1　生长

在人工养殖条件下，梭鲈不同年龄组体长、体重的实测值见表2。

表2　梭鲈不同年龄组的体长和体重实测值

年龄，龄	1^{+}	2^{+}	3^{+}	4^{+}	5^{+}
体长，cm	16.41～22.65	29.56～41.06	32.06～42.33	39.63～52.66	48.89～58.76
体重，g	46.98～145.90	252.48～597.56	389.58～1 082.56	877.48～1 987.56	1 446.52～2 142.38

6.2　繁殖

6.2.1　性成熟年龄

雌鱼初次性成熟3龄或4龄，雄鱼初次性成熟2龄或3龄。

6.2.2 繁殖季节

4月—5月。

6.2.3 繁殖水温

适宜繁殖水温12 ℃～16 ℃。

6.2.4 产卵类型

一次性产沉性卵,卵黏性。

6.2.5 怀卵量

在人工养殖条件下,梭鲈不同年龄组个体怀卵量见表3。

表3 梭鲈不同年龄组个体怀卵量

年龄,龄	3^+	4^+
绝对怀卵量,$\times10^4$粒	7.26～21.48	22.70～35.85
相对怀卵量,粒/g体重	183.52～270.37	187.30～283.69

7 遗传学特性

7.1 细胞遗传学特性

体细胞染色体数:$2n=48$。梭鲈染色体核型公式:2m+10sm+12st+24t。染色体臂数(NF):60。梭鲈染色体组型见图2。

5 μm

图2 梭鲈染色体组型

7.2 生化遗传学特性

梭鲈肌肉组织乳酸脱氢酶(LDH)同工酶(4条带)电泳图及扫描图见图3。

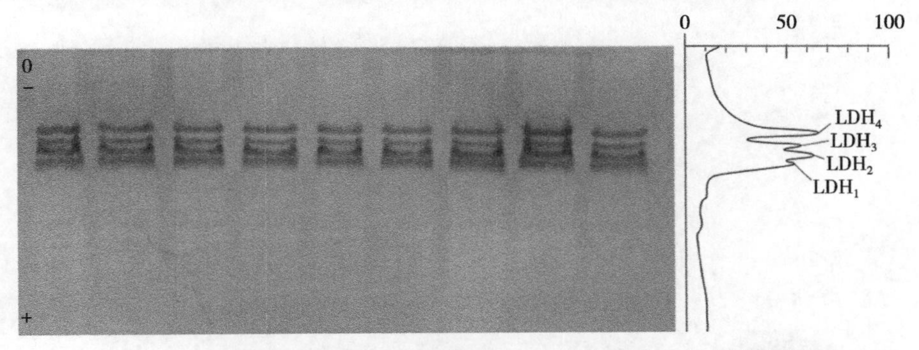

图3 梭鲈肌肉组织乳酸脱氢酶(LDH)同工酶电泳及扫描图

8 检测方法

8.1 抽样

按 GB/T 18654.2 的规定执行。

8.2 主要形态构造特征测定

按 GB/T 18654.3 的规定执行。

8.3 生长与繁殖测定

生长按 GB/T 18654.4 的规定执行,繁殖按 GB/T 18654.6 的规定执行。

8.4 细胞遗传学特性测定

按 GB/T 18654.12 的规定执行。

8.5 生化遗传学特性测定

4.5%的浓缩胶和 5.5%的分离胶制成聚丙烯酰胺垂直板电泳,250 V 恒压电泳。溶液按附录 A 的规定配制。其他按 GB/T 18654.13 的规定执行。

9 判定规则

按 GB/T 18654.1 的规定执行。

附 录 A
(规范性)
同工酶试剂配制

同工酶试剂配制见表A.1。

表A.1 同工酶试剂配制

编号	名称	参数	配方
A_1	浓缩胶缓冲液	0.5 mol/L Tris-HCl pH 6.8	Tris 6.05 g,HCl调pH 6.8,定容至100 mL
A_2	分离胶缓冲液	1 mol/L Tris-HCl pH 8.8	Tris 12.1 g,HCl调pH 8.8,定容至100 mL
B_0	凝胶储液	20%Arc-Bis	Arc 19.4 g,Bis 0.6 g,定容至100 mL
B_1	浓缩胶储液	12%Arc-Bis	B_0 54 mL,纯水36 mL,4 ℃保存
B_2	分离胶储液	14.7%Arc-Bis	B_0 66 mL,纯水24 mL,4 ℃保存
C	TEMED液	0.46%	TEMED 0.46 mL,纯水100 mL
D	AP液	0.56%	AP 0.56 g,纯水100 mL
	浓缩胶终液	4.50%	A_1∶B_1∶C∶D=3∶3∶1∶1,现用现配
	分离胶终液	5.50%	A_2∶B_2∶C∶D=3∶3∶1∶1,现用现配
	电极缓冲液	Tris-甘氨酸pH 8.3	Tris 3.0 g,甘氨酸14.4 g,纯水1 L

ICS 65.150
CCS B 52

中华人民共和国水产行业标准

SC/T 1171—2023

斑 鳜

Leopard mandarin fish

2023-04-11 发布 2023-08-01 实施

中华人民共和国农业农村部 发布

前　言

本文件按照 GB/T 1.1—2020《标准化工作导则　第1部分:标准化文件的结构和起草规则》的规定起草。

请注意本文件的某些内容可能涉及专利。本文件的发布机构不承担识别专利的责任。

本文件由农业农村部渔业渔政管理局提出。

本文件由全国水产标准化技术委员会淡水养殖分技术委员会(SAC/TC 156/SC 1)归口。

本文件起草单位:中国水产科学研究院珠江水产研究所。

本文件主要起草人:洪孝友、郑光明、刘海洋、赵建、朱新平、陈昆慈、陈辰、王亚坤、李伟、罗青、刘晓莉、于凌云。

斑 鳜

1 范围

本文件确立了斑鳜[*Siniperca scherzeri*(Steindachner,1892)]的学名与分类,规定了斑鳜种质鉴定的主要形态构造特征、生长与繁殖、细胞遗传学和生化遗传学特性,描述了相应的检测方法,给出了判定规则。

本文件适用于斑鳜的种质检测与鉴定。

2 规范性引用文件

下列文件中的内容通过文中的规范性引用而构成本文件必不可少的条款。其中,注日期的引用文件,仅该日期的对应的版本适用于本文件;不注日期的引用文件,其最新版本(包括所有的修改单)适用于本文件。

GB/T 18654.1 养殖鱼类种质检验 第1部分:检验规则
GB/T 18654.2 养殖鱼类种质检验 第2部分:抽样方法
GB/T 18654.3 养殖鱼类种质检验 第3部分:性状测定
GB/T 18654.4 养殖鱼类种质检验 第4部分:年龄与生长测定
GB/T 18654.6 养殖鱼类种质检验 第6部分:繁殖性能的测定
GB/T 18654.12 养殖鱼类种质检验 第12部分:染色体组型分析
GB/T 18654.13 养殖鱼类种质检验 第13部分:同工酶电泳分析
GB/T 22213 水产养殖术语

3 术语和定义

GB/T 18654.3 和 GB/T 22213 界定的术语和定义适用于本文件。

4 学名与分类

4.1 学名

斑鳜[*Siniperca scherzeri*(Steindachner,1892)]。

4.2 分类地位

脊索动物门(Chordata)、硬骨鱼纲(Osteichthyes)、鲈形目(Perciformes)、鮨科(Serranidae)、鳜属(*Siniperca*)。

5 主要形态构造特征

5.1 外部形态特征

5.1.1 外形

体侧扁,略呈纺锤形,头后背部略隆起。眼后头部平直或稍内凹,吻尖,眼上侧位,偏于头的前半部。鼻孔离眼较近。口前位,稍斜裂;下颌突出于上颌,下颌两侧齿扩大为犬齿,多为2个并生,齿端尖锐;前鳃盖骨后缘有锯齿12枚以上,近隅角的一枚最发达;腹缘无锯齿,但有棘状骨突2个。鳃盖骨后端及背缘各有1根骨棘。间鳃盖骨及下鳃盖骨腹缘有浅缺刻。鳃耙稀少,梳齿状,略短于鳃丝。

吻部及头顶处无鳞,余均有鳞,体被小圆鳞。侧线完整,侧线前段稍弯,靠近背缘向后延伸,沿尾柄中部至尾鳍基部。

背鳍起点在胸鳍基部后上方,鳍棘发达,有10枚~13枚,第六鳍棘最长;鳍条部基底短,鳍条边缘凸。臀鳍与背鳍鳍条部形态相似;鳍棘均较粗壮,第一鳍棘较短,第二鳍棘最长。胸鳍下侧位,起点稍前于腹鳍。腹鳍起点在背鳍第三鳍棘下方,鳍长约等于胸鳍长,有一根鳍棘,短细,不及鳍条长的1/2。

头部具暗黑色小圆斑，体侧有较多的环形斑。尾鳍扇形，基部中间有一个较大的环形斑，其两边有若干较小的环斑，其后多排排列相对整齐的更小环斑，环斑排列与体轴近垂直。

斑鳜外形见图1。

10 mm

图1　斑鳜外形

5.1.2　可数性状

5.1.2.1　鳍式

背鳍：D. Ⅹ～ⅩⅢ-10～14。

臀鳍：A. Ⅲ-7～11。

5.1.2.2　鳞式

$99\,\frac{13\sim21}{30\sim42\text{-}V}126$。

5.1.3　可量性状

在人工养殖条件下，体长16.0 cm～30.6 cm、体重77.5 g～585.6 g的个体，实测可量性状比值见表1。

表1　斑鳜可量性状实测比值

全长/体长	体长/体高	体长/头长	头长/吻长	头长/眼径	头长/眼间距	体长/尾柄长	尾柄长/尾柄高
1.18±0.02	4.02±0.27	2.95±0.19	3.53±0.61	5.15±0.44	5.94±0.66	6.65±0.40	1.65±0.69

5.2　内部构造特征

5.2.1　鳔

无鳔管，一室。

5.2.2　鳃耙数

左侧第一鳃弓外侧鳃耙数为4枚～6枚。

5.2.3　脊椎骨数

26枚。

5.2.4　腹膜

灰白色。

5.2.5　幽门盲囊

48条～78条。

6　生长与繁殖

6.1　生长

斑鳜不同年龄组体长、体重的实测值见表2。

表2　斑鳜不同年龄组的体长及体重实测值

年龄，龄	0^+	1^+	2^+	3^+
体长，cm	4.6～10.0	9.5～18.4	16.0～28.9	23.7～30.6
体重，g	2.8～26.6	25.8～137.0	77.5～490.0	217.4～585.6

6.2 繁殖

6.2.1 性成熟年龄

雄鱼初次性成熟为 1 龄或 2 龄，雌鱼初次性成熟为 2 龄或 3 龄。

6.2.2 产卵类型

半浮性卵，分批产卵，一年产卵 2 次～3 次。

6.2.3 繁殖水温

适宜繁殖水温为 20 ℃～26 ℃。

6.2.4 怀卵量

斑鳜不同年龄组个体怀卵量见表 3。

表 3 斑鳜不同年龄组个体怀卵量

项目	年龄		
	2^+	3^+	4^+
绝对怀卵量，$\times 10^4$粒	0.36～1.63	0.64～2.85	1.12～4.12
相对怀卵量，粒/g 体重	18.2～33.3	31.8～52.6	36.8～61.5

7 遗传学特性

7.1 细胞遗传学特性

体细胞染色体数：$2n=48$。斑鳜染色体核型公式：4m＋10sm＋4st＋30t。染色体臂数（NF）：62。斑鳜染色体组型见图 2。

图 2 斑鳜染色体组型

7.2 生化遗传学特性

斑鳜肌肉组织乳酸脱氢酶（LDH）同工酶（1 条带）电泳图及扫描图见图 3。

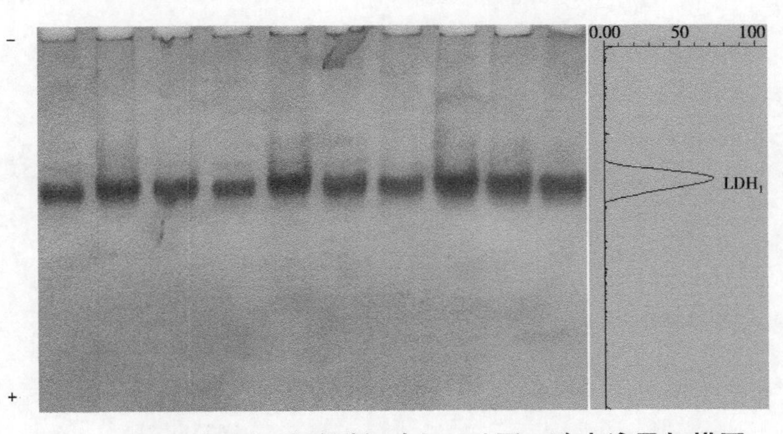

图 3 斑鳜肌肉组织乳酸脱氢酶（LDH）同工酶电泳及扫描图

8 检测方法

8.1 抽样

按 GB/T 18654.2 的规定执行。

8.2 主要形态构造特征测定

按 GB/T 18654.3 的规定执行。

8.3 生长与繁殖测定

生长按 GB/T 18654.4 的规定执行，繁殖按 GB/T 18654.6 的规定执行。

8.4 细胞遗传学特性测定

按 GB/T 18654.12 的规定执行。

8.5 生化遗传学特性测定

取肌肉组织 2 g。采用聚丙烯酰胺凝胶垂直电泳，凝胶浓度为 7.5%，凝胶缓冲液为 Tris-HCl(pH 8.9)，电极缓冲液为 Tris-甘氨酸(pH 8.3)。在 230 V 电压下电泳 4 h。其余步骤按 GB/T 18654.13 的规定执行。

9 判定规则

按 GB/T 18654.1 的规定执行。

ICS 65.150
CCS B 52

中华人民共和国水产行业标准

SC/T 1172—2023

黑脊倒刺鲃

Spinibarbus caldwelli

2023-04-11 发布　　2023-08-01 实施

中华人民共和国农业农村部　发布

前　言

本文件按照 GB/T 1.1—2020《标准化工作导则　第 1 部分:标准化文件的结构和起草规则》的规定起草。

请注意本文件的某些内容可能涉及专利。本文件的发布机构不承担识别专利的责任。

本文件由农业农村部渔业渔政管理局提出。

本文件由全国水产标准化技术委员会淡水养殖分技术委员会(SAC/TC 156/SC 1)归口。

本文件起草单位:福建省淡水水产研究所。

本文件主要起草人:黄洪贵、王茂元、吴妹英、胡振禧、林学文、黄柳婷、赖铭勇、田田。

黑 脊 倒 刺 鲃

1 范围

本文件确立了黑脊倒刺鲃[*Spinibarbus caldwelli* (Nichols，1925)]的学名与分类，规定了黑脊倒刺鲃种质鉴定的主要形态构造特征、生长与繁殖、细胞遗传学和分子遗传学特性，描述了相应的检测方法，给出了判定规则。

本文件适用于黑脊倒刺鲃的种质检测和鉴定。

2 规范性引用文件

下列文件中的内容通过文中的规范性引用而构成本文件必不可少的条款。其中，注日期的引用文件，仅该日期对应的版本适用于本文件；不注日期的引用文件，其最新版本（包括所有的修改单）适用于本文件。

GB/T 18654.1　养殖鱼类种质检验　第1部分：检验规则

GB/T 18654.2　养殖鱼类种质检验　第2部分：抽样方法

GB/T 18654.3　养殖鱼类种质检验　第3部分：性状测定

GB/T 18654.4　养殖鱼类种质检验　第4部分：年龄与生长的测定

GB/T 18654.6　养殖鱼类种质检验　第6部分：繁殖性能的测定

GB/T 18654.12　养殖鱼类种质检验　第12部分：染色体组型分析

GB/T 18654.13　养殖鱼类种质检验　第13部分：同工酶电泳分析

GB/T 22213　水产养殖术语

3 术语和定义

GB/T 18654.3和GB/T 22213界定的术语和定义适用于本文件。

4 学名与分类

4.1 学名

黑脊倒刺鲃[*Spinibarbus caldwelli* (Nichols，1925)]。

4.2 分类地位

脊索动物门(Chordata)、硬骨鱼纲(Osteichthyes)、鲤形目(Cypriniformes)、鲤科(Cyprinidae)、鲃亚科(Barbinae)、倒刺鲃属(*Spinibarbus*)。

5 主要形态构造特征

5.1 外部形态特征

5.1.1 外形

体延长，前部圆筒形，后部稍侧扁。头稍尖。吻圆钝，稍突出。口亚下位。须2对，较发达，吻须1对，口角须1对，略长于吻须。鳃孔大，鳃耙短小，锥形，排列稀疏。背鳍起点前方具1枚倒刺，背鳍起点在腹鳍起点的前上方，具3枚不分支鳍条，第三枚不分支鳍条柔软，不形成硬刺。胸鳍下侧位，不伸达腹鳍。腹鳍不伸达肛门，基底具腋鳞。臀鳍短，不伸达尾鳍基。尾鳍分叉。体被圆鳞，鳞大。侧线完全，前部向腹面稍弯，后部平直，至尾柄稍偏于下方。背鳍、胸鳍、尾鳍灰黑色，腹鳍、臀鳍橙黄色，背鳍、尾鳍及雄鱼臀鳍后缘黑色。

黑脊倒刺鲃外形见图1。

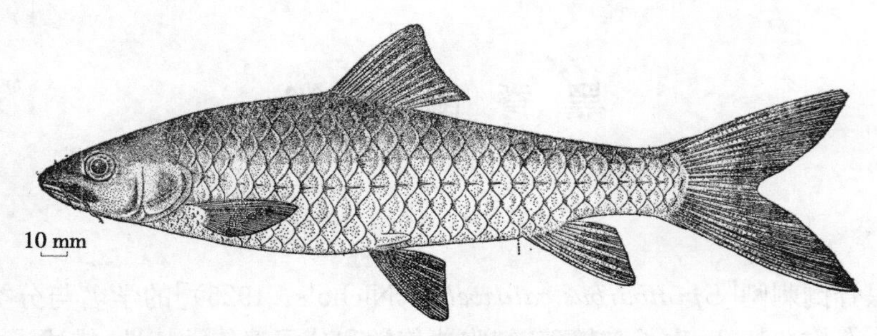

图 1 黑脊倒刺鲃外形

5.1.2 可数性状

5.1.2.1 鳍式

背鳍：D. iv-9～10。

臀鳍：A. iii-5。

5.1.2.2 鳞式

$20\frac{4\sim5}{2\sim3\text{-}V}26$。

5.1.3 可量性状

体长 4.8 cm～41.4 cm、体重 3.6 g～2 100.0 g 的个体，实测可量性状比值见表 1。

表 1 黑脊倒刺鲃实测可量性状比值

体长/头长	体长/体高	体长/尾柄长	体长/尾柄高	头长/吻长	头长/眼径	头长/眼间距	尾柄长/尾柄高
2.70～4.13	3.66～4.42	5.57～8.33	8.60～10.63	2.78～3.20	4.70～6.58	2.10～2.60	0.89～1.71

5.2 内部构造特征

5.2.1 下咽齿

2·3·5/5·3·2。

5.2.2 鳔

2 室。前室小，卵圆形；后室大，长筒形。

5.2.3 鳃耙数

左侧第一鳃弓外侧鳃耙数为 9 枚～12 枚。

5.2.4 脊椎骨数

4+38 枚～4+41 枚。

5.2.5 腹膜

银白色。

6 生长与繁殖

6.1 生长

在人工养殖条件下，黑脊倒刺鲃不同年龄组体长和体重实测值见表 2。

表 2 黑脊倒刺鲃不同年龄组的体长和体重实测值

年龄，龄	1	2	3	4	5
体长，cm	3.7～18.4	8.9～28.0	15.7～39.4	26.5～41.7	37.7～44.1
体重，g	1.2～148.6	48.3～496.0	102.4～1 224.0	459.5～1 546.0	1 010.0～1 931.0

6.2 繁殖

6.2.1 性成熟年龄

在自然条件下，初次性成熟年龄，雌鱼为 3 龄或 4 龄，雄鱼为 2 龄或 3 龄。

6.2.2 产卵时间

4月—9月。

6.2.3 繁殖水温

适宜繁殖水温为22 ℃～30 ℃。

6.2.4 产卵类型

分批产卵,半浮性卵。

6.2.5 怀卵量

在人工养殖条件下,黑脊倒刺鲃不同年龄组个体怀卵量见表3。

表3 黑脊倒刺鲃不同年龄组的个体怀卵量

年龄,龄	4	5	6	7
绝对怀卵量,$\times 10^4$粒	0.22～1.24	1.20～2.85	1.65～5.46	2.45～7.66
相对怀卵量,粒/g体重	6～10	15～29	18～30	16～33

7 细胞遗传学特性

体细胞染色体数:$2n$=100。核型公式:18m+32sm+30st+20t。染色体臂数(NF):150。体细胞染色体组型见图2。

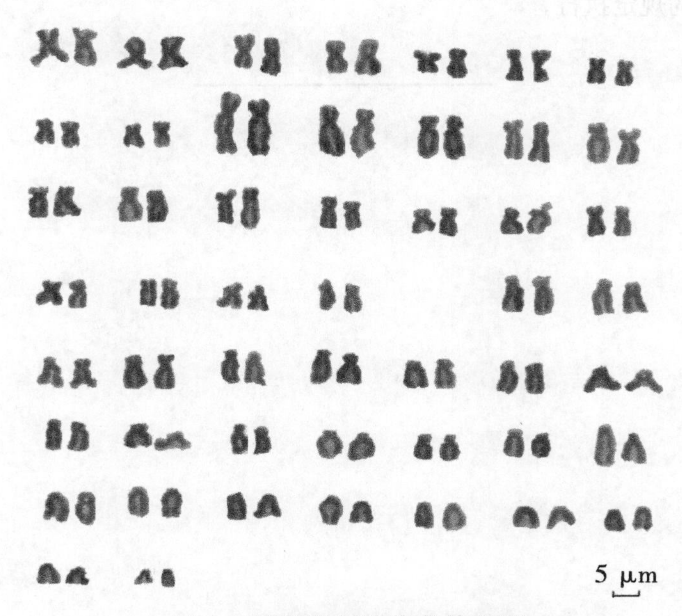

图2 黑脊倒刺鲃染色体组型

8 生化遗传学特性

肌肉组织乳酸脱氢酶(LDH)同工酶(1条带)电泳图及扫描图见图3。

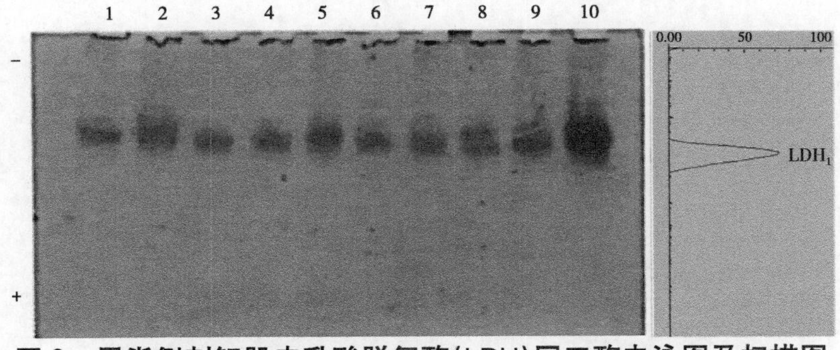

图3 黑脊倒刺鲃肌肉乳酸脱氢酶(LDH)同工酶电泳图及扫描图

9 检测方法

9.1 抽样

按 GB/T 18654.2 的规定执行。

9.2 主要形态构造特征测定

按 GB/T 18654.3 的规定执行。

9.3 生长与繁殖测定

生长按 GB/T 18654.4 的规定执行,繁殖按 GB/T 18654.6 的规定执行。

9.4 细胞遗传学特性测定

按 GB/T 18654.12 的规定执行。

9.5 生化遗传学特性测定

取肌肉组织 2 g。采用聚丙烯酰胺凝胶垂直电泳,凝胶浓度为 7.5%,凝胶缓冲液为 Tris-HCl(pH 8.9),电极缓冲液为 Tris-甘氨酸(pH 8.3)。在 230 V 电压下电泳 4 h。其余步骤按 GB/T 18654.13 的规定执行。

10 判定规则

按 GB/T 18654.1 的规定执行。

ICS 65.150
CCS B 52

中华人民共和国水产行业标准

SC/T 1174—2023

乌鳢人工繁育技术规范

Technical specification of artificial breeding for Chinese snakehead

2023-04-11 发布　　2023-08-01 实施

中华人民共和国农业农村部　发布

前　言

本文件按照 GB/T 1.1—2020《标准化工作导则　第 1 部分：标准化文件的结构和起草规则》的规定起草。

请注意本文件的某些内容可能涉及专利。本文件的发布机构不承担识别专利的责任。

本文件由农业农村部渔业渔政管理局提出。

本文件由全国水产标准化技术委员会淡水养殖分技术委员会（SAC/TC 156/SC 1）归口。

本文件起草单位：中国水产科学研究院珠江水产研究所、全国水产技术推广总站、佛山市南海百容水产良种有限公司。

本文件主要起草人：欧密、赵建、王建波、陈昆慈、罗青、刘海洋、郑光明、尹怡、尹建雄、陈柏湘。

乌鳢人工繁育技术规范

1 范围

本文件规定了乌鳢(*Channa argus* Cantor,1842)人工繁育的环境条件、设施设备、亲鱼培育、催产和孵化、苗种培育、病害防治的技术要求,描述了档案记录等相应的证实方法。

本文件适用于乌鳢的人工繁育。

2 规范性引用文件

下列文件中的内容通过文中的规范性引用而构成本文件必不可少的条款。其中,注日期的引用文件,仅该日期对应的版本适用于本文件;不注日期的引用文件,其最新版本(包括所有的修改单)适用于本文件。

GB 11607 渔业水质标准

GB 13078 饲料卫生标准

GB/T 22213 水产养殖术语

NY/T 2072 乌鳢配合饲料

NY/T 5361 无公害农产品 淡水养殖产地环境条件

SC/T 0004 水产养殖质量安全管理规范

SC/T 1008 淡水鱼苗种池塘常规培育技术规范

SC/T 1052 乌鳢

SC/T 1119 乌鳢 亲鱼和苗种

3 术语和定义

GB/T 22213 界定的术语和定义适用于本文件。

4 环境条件

环境安静,交通便捷,供电稳定,养殖环境应符合 NY/T 5361 的规定。池塘底质以壤土或沙壤土为宜。水源充足,水质应符合 GB 11607 的规定。

5 设施设备

5.1 亲鱼培育池

宜采用室外池塘,面积 2 000 m^2～3 000 m^2,池深 2.0 m～3.0 m,淤泥厚 10 cm～15 cm,每 667 m^2 配增氧机 1 台。

5.2 催产池

宜采用水泥池,面积 16 m^2～30 m^2,池深 1.0 m～1.5 m,具有控温设施。

5.3 产卵设施

容纳 1 对亲鱼繁殖为宜,面积 0.25 m^2～1 m^2,高 0.4 m～1.0 m,具有控温设施。

5.4 孵化设施

具有充氧、控温、水流调节功能,主要有以下 2 种:

a) 水泥池:面积 4 m^2～10 m^2,池深 30 cm;

b) 孵化桶:容积 0.3 m^3～1.0 m^3。

5.5 苗种培育池

宜采用室外池塘，面积 1 300 m^2～2 000 m^2，池深 1.5 m～2.0 m，淤泥厚度不超过 10 cm，每 667 m^2 配增氧机 1 台。

6 亲鱼培育

6.1 放养前准备

排干池水、晒底，用生石灰清塘，清塘方法按照 SC/T 1008 的规定执行。消毒 7 d 后注水，水深 1.5 m～2.0 m，水面距池埂顶端 30 cm～50 cm。

6.2 亲鱼质量

种质应符合 SC/T 1052 的规定，质量应符合 SC/T 1119 的规定。

6.3 亲鱼放养

放养前用 2%～3%的食盐水浸泡消毒 5 min～10 min，雌雄比 2：1，每 667 m^2 放养 800 尾～1 200 尾。

6.4 饲养管理

6.4.1 饲料要求

营养满足亲鱼性腺发育需求，卫生符合 GB 13078 规定的相关要求。

6.4.2 投喂方法

日投喂量宜为鱼体重的 6%～8%，结合鱼的摄食和天气情况适当调整投喂量；阴雨天气或水温低于 18 ℃时，应酌情减少投喂量；水温低于 12 ℃时，停止投喂。

6.4.3 日常管理

每 10 d～15 d 换水 1 次，每次 10 cm～20 cm；每 15 d 用生石灰化浆后全池泼洒 1 次，用量为 20 g/m^3～30 g/m^3。

7 催产和孵化

7.1 催产

7.1.1 催产池消毒

催产前 3 d～5 d 用生石灰或漂白粉清池消毒，生石灰用量为 100 g/m^2 或漂白粉用量为 10 g/m^2～15 g/m^2，化浆后全池泼洒，1 d 后排空、冲洗，注入新水。

7.1.2 亲鱼挑选

按照 SC/T 1119 的规定执行。

7.1.3 催产剂

宜采用组合药物催产：促黄体素释放激素类似物（LRH-A_2）10 μg/kg～16 μg/kg＋绒毛膜促性腺激素（HCG）800 IU/kg～1 000 IU/kg。用 0.7%～0.9%生理盐水溶解后注射。

7.1.4 催产水温

水温低于 24 ℃时，亲鱼进入催产池后，调节水温至 24 ℃，暂养 1 d～2 d，再进行催产。水温高于 24 ℃时，直接催产。

7.1.5 注射方法

注射部位为胸鳍基部或背部肌肉。雌鱼采用两针注射，第一针注射总剂量的 25%～30%，间隔 12 h～15 h 后注射第二针，注射总剂量的 70%～75%。雄鱼采用一针注射，注射时间与雌鱼第二针时间相同，注射剂量为雌鱼总剂量的 10%。雄鱼也可连续配对 2 次～3 次，每增加 1 次配对，剂量增加雄鱼初次剂量的 50%。

7.2 交配产卵

按雌雄 1：1 配对，放入产卵设施中。交配期间保持环境安静，避免亲鱼跳出。保持水温 25 ℃～28 ℃，催产效应时间 18 h～24 h。产卵结束后，把亲鱼放回亲鱼培育池。

7.3 孵化

7.3.1 受精卵收集

产卵后 4 h～5 h 收集受精卵，将浮在水面的受精卵转移到孵化设施中孵化。

7.3.2 孵化密度

水泥池静水孵化为 2×10^4 粒/m^2～3×10^4 粒/m^2。孵化桶微流水孵化为 5×10^5 粒/m^3～6×10^5 粒/m^3。

7.3.3 孵化管理

微流水孵化，每小时换水 0.5 m^3～1.0 m^3，保持水位稳定，调节充气量，保证受精卵在水中均匀分布、不聚集。静水孵化，每天换水 30%～50%，边排边进，孵化过程中及时捞除死卵，保持水质清洁。孵化水温控制在 25 ℃～28 ℃，水质要求 pH 6.5～8.0，DO≥5.0 mg/L。鱼苗孵出 2 d～3 d 后，卵黄吸收完毕能集群游泳时进入苗种培育阶段。

8 苗种培育

8.1 鱼苗培育

8.1.1 培育池准备

放苗前清除塘边杂草，排干塘水，用生石灰清塘，清塘方法按照 SC/T 1008 的规定执行。

8.1.2 浮游动物培育

消毒 2 d 后，加注新水 60 cm～80 cm，进水口用 80 目网纱过滤；肥水培育浮游动物，开启增氧机。

8.1.3 放苗

浮游动物开始大量出现后，先用少量鱼苗试水 2 h，确定安全后放苗，密度为 1.0×10^5 尾/667 m^2～1.5×10^5 尾/667 m^2。

8.1.4 培育管理

鱼苗下塘 3 d 后，如培育池内浮游动物不足，应及时补充丰年虫等生物饵料，每天每万尾鱼苗投喂 0.5 kg。鱼苗下塘后每 5 d 加注新水 1 次，每次 10 cm～15 cm；当鱼苗长至 3 cm 时，选择晴天清晨进行全池拉网，按规格分池，进入鱼种培育阶段。

8.2 鱼种培育

8.2.1 培育前准备

池塘清整见 8.1.1；进水口用 40 目网纱过滤，水深 1.2 m～1.3 m。

8.2.2 鱼种投放

鱼种质量应符合 SC/T 1119 的规定，密度为 2×10^4 尾/667 m^2～3×10^4 尾/667 m^2；放苗时，水温差不大于 3 ℃；鱼种下池前，用 2%～3%的食盐水浸泡消毒 5 min～10 min。

8.2.3 驯食与投喂

每天投喂 6 次～8 次，逐渐减少饵料中浮游动物的比例、增加乌鳢人工配合饲料的用量，直至全部投喂人工配合饲料，经过 8 d～12 d 投喂，可完全摄食人工配合饲料。饲料颗粒大小根据鱼体规格调整，投喂分上、下午 2 次进行，日投喂量根据鱼体规格调整，阴雨天气或水温低于 18 ℃酌情减少投喂量。人工配合饲料应符合 NY/T 2072 的规定。

8.2.4 日常管理

每隔 4 d～5 d 按规格分养；每天巡塘，观察水质变化及鱼的活动情况，发现浮头或鱼病及时处理；配套放养 100 g 以上规格鲢、鳙各 60 尾/667 m^2。池水要求 pH 6.5～8.0，透明度 30 cm～40 cm，DO≥5.0 mg/L。

9 病害防治

9.1 防控措施

预防为主，防治结合；保持良好的水质环境；加强饲养管理，拉网、转塘时小心操作，避免鱼体受伤；剧烈降温时，减少饲料投喂30%以上。

9.2 病害治疗

乌鳢繁育阶段常见疾病及防治方法见附录A，渔药使用见《水产养殖用药明白纸》。

10 档案记录

亲鱼培育、催产和孵化、苗种培育、病害防治全过程应建立生产记录、用药记录等档案，按照SC/T 0004的规定执行。

附 录 A
(资料性)
乌鳢繁育阶段常见疾病及防治方法

乌鳢繁育阶段常见疾病及防治方法见表A.1。

表A.1 乌鳢繁育阶段常见疾病及防治方法

病害名称	主要症状	防治方法
车轮虫病	病鱼消瘦,体色发黑,体表黏液增多,不摄食,到最后阶段游动缓慢,呼吸困难。体表黏液和鳃丝镜检可见车轮虫游动	①用硫酸铜硫酸亚铁粉溶解后全池泼洒,按说明书使用 ②用戊二醛溶液全池泼洒,按说明书使用
肠炎病	病鱼不摄食,体色发黑,大多在水面慢游,不怕人。病鱼腹部膨大,肛门红肿。解剖可见肠道充血,肠壁较薄,肠内含黄色黏液,有些肠道充气,偶见腹水。该病传染快,发病急,死亡率高	①排去池中污水,注入新水 ②用25 mg/L～30 mg/L的生石灰全池泼洒,第2 d用三氯异氰脲酸粉溶解后全池消毒,按说明书使用 ③在饲料中添加氟苯尼考粉投喂,按说明书使用
赤皮病	鱼体表面局部出血,鱼鳞脱落,特别是腹部两侧。鱼行动缓慢,常漂浮于水面独游	①规范操作,避免鱼体受伤 ②用25 mg/L～30 mg/L的生石灰全池泼洒消毒,第2 d用三氯异氰脲酸粉溶解后全池消毒,按说明书使用 ③磺胺间甲氧嘧啶钠粉拌饲料口服,按说明书使用
竖鳞病	鱼体鳞片出现局部或全身竖起,似“松果”;鱼体有水肿现象并局部充血。病鱼离群独游,反应迟钝	①规范操作,避免鱼体受伤 ②鱼种放养时用2%～3%的食盐水浸泡消毒5 min～10 min ③用戊二醛溶液全池泼洒,按说明书使用 ④磺胺间甲氧嘧啶钠粉拌饲料口服,按说明书使用
水霉病	病鱼体表黏液增多焦躁或迟钝,食欲减退,最后瘦弱死亡。霉菌丝侵入鱼体内后,蔓延扩展,向外生长成绵毛状菌丝,似白色绵毛	①保持水体清新,规范操作,避免鱼体受伤 ②鱼体捕捞、搬动后用3%的食盐和小苏打合剂(1∶1)浸泡10 min～15 min ③全池泼洒浓度0.03%的食盐和小苏打合剂(1∶1)

参 考 文 献

[1] 农业农村部渔业渔政管理局,中国水产科学研究院,全国水产技术推广总站. 水产养殖用药明白纸.

ICS 65.150,65.120
CCS B 54

中华人民共和国水产行业标准

SC/T 2001—2023
代替 SC/T 2001—2006

卤 虫 卵

Brine shrimp cysts

2023-04-11 发布 2023-08-01 实施

中华人民共和国农业农村部 发布

前　言

本文件按照 GB/T 1.1—2020《标准化工作导则　第 1 部分:标准化文件的结构和起草规则》的规定起草。

请注意本文件的某些内容可能涉及专利。本文件的发布机构不承担识别专利的责任。

本文件代替 SC/T 2001—2006《卤虫卵》,与 SC/T 2001—2006 相比,除结构调整和编辑性改动外,主要技术变化如下:

a） 增加了术语和定义;

b） 修订了卤虫卵的等级分类;

c） 修订了卤虫卵水分含量标准;

d） 修订了卤虫卵孵化率的测定方法;

e） 修订了卤虫卵水分含量的测定方法;

f） 修订了卤虫卵杂质率的测定方法。

本文件由农业农村部渔业渔政管理局提出。

本文件由全国水产标准化技术委员会海水养殖分技术委员会(SAC/TC 156/SC 2)归口。

本文件起草单位:天津科技大学、中盐工程技术研究院有限公司、中国水产流通与加工协会卤虫分会、中国水产科学研究院黄海水产研究所。

本文件主要起草人:隋丽英、李炳乾、高美荣、辛乃宏、张波、高嵩、王婧、陈四清。

本文件及其所代替文件的历次版本发布情况为:

——1994 年首次发布为 SC/T 2001—1994,2006 年第一次修订;

——本次为第二次修订。

卤 虫 卵

1 范围

本文件界定了卤虫卵(高海拔产地卤虫卵除外)质量标准相关的术语和定义,规定了相关要求,描述了相关检测方法和检测规则,给出了相关的标识、包装、运输和储存说明。

本文件适用于卤虫卵(高海拔产地卤虫卵除外)产品质量的评定和销售。

2 规范性引用文件

下列文件中的内容通过文中的规范性引用而构成本文件必不可少的条款。其中,注日期的引用文件,仅该日期对应的版本适用于本文件;不注日期的引用文件,其最新版本(包括所有的修改单)适用于本文件。

GB/T 14699.1 饲料 采样

3 术语和定义

下列术语和定义适用于本文件。

3.1

孵化率 hatching percentage

在规定条件下孵化出的卤虫无节幼体数量占卤虫卵总数的比例,用百分比表示。

3.2

杂质率 impurity percentage

杂质占样本总质量的比例,用百分比表示。

3.3

伞状幼体 umbrella nauplii

卤虫胚胎发育从破壳到无节幼体期间被孵化膜包裹形如伞状的幼体。

4 要求

4.1 外观与性状

应符合表1的要求。

表1 外观与性状

项目	指标
色泽	色泽正常
气味	无霉臭气味
手感	松散、无粘连、无潮湿感,流动性好
形态(解剖镜观察)	卵粒大小均匀,卵的一端凹陷,呈半球形;卵表面光滑,无异物附着;偶见或少见破裂卵、卵壳、藻类或其他杂质等

4.2 品质分级

应符合表2的要求。

表2 卤虫卵的品质分级指标

单位为百分号

项目	等级				
	一级	二级	三级	四级	五级
孵化率	≥90	≥85	≥80	≥70	≥50

表 2 （续）

项目	等级				
	一级	二级	三级	四级	五级
水分含量	≤15				
杂质率	≤1				

5 检测方法

5.1 外观与性状

取适量样品置于清洁干燥的白瓷盘中，在正常光照、通风良好、无异味的环境下，通过目测、鼻嗅和触摸检验其色泽、气味和手感。

取适量样品置于解剖镜下，观察其形态。

5.2 孵化率

5.2.1 仪器设备与试剂

孵化率的测定需要如下仪器设备与试剂：

a） 电子天平：感量 0.01 g；

b） 解剖镜；

c） 气泵；

d） 锥形底孵化容器；

e） 鲁哥氏液；

f） 次氯酸钠溶液：有效氯浓度 8%～12%；

g） 孵化液：自然或人工海水，盐度 20～30，pH 7.8～8.5。

5.2.2 测定方法与计算

卤虫卵的孵化在 200 mL～1 000 mL 透明锥形底孵化容器中进行。孵化条件为：孵化温度（28±1）℃，光照度 2 000 lx 以上。孵化容器底部连续充气，保持卤虫卵在孵化液中均匀分布。孵化密度为 1.5 g/L～3.0 g/L。每个样品 3 个重复。

24 h 后，从每个孵化容器中取体积为 50 μL～200 μL 的多个小样，总体积大于 1 000 μL，取 3 个平行样。每个小样加入 1 滴～2 滴鲁哥氏液。在解剖镜下计数每个重复样品的无节幼体数量及伞状幼体数量；在每个小样中加入次氯酸钠溶液，待卵壳完全溶解后，解剖镜下计数每个重复样品的胚胎数。

每个重复样品的孵化率（H）按公式（1）计算。

$$H=\frac{N}{N+U+C}\times 100 \qquad (1)$$

式中：

H——孵化率的数值，单位为百分号（%）；

N——无节幼体数量的数值，单位为个；

U——伞状幼体数量的数值，单位为个；

C——胚胎数量的数值，单位为个。

平均孵化率为所测 3 个重复样品的算术平均值，允许相对偏差为 6%。

5.3 水分含量

5.3.1 仪器设备

自动水分测定仪（精确度不低于 0.01 g）。

5.3.2 测定方法

将样品混合均匀后，取 2 g～3 g 于自动水分测定仪托盘上。按仪器说明书进行操作，采用“失重关机”模式，设定测定温度为 105 ℃。每个样品重复测定 3 次。

取 3 次重复测定结果的算术平均值作为最终测定结果，允许相对偏差为 2%。

5.4 杂质率

5.4.1 仪器设备与试剂

杂质率的测定需要如下仪器设备与试剂：

a) 电子天平：感量 0.01 g；

b) 自动水分测定仪；

c) 底部有阀门的锥形底容器；

d) 筛网：孔径为 125 μm；

e) 饱和氯化钠溶液。

5.4.2 测定方法与计算

准确称取约 100 g 样品(G_0)，测定水分含量(W_0)。样品放入装有 2 L 饱和氯化钠溶液的锥形底容器内，从底部充气 10 min，停气静置 20 min，打开底部阀门，去除沉于底部的泥沙等杂质，用筛网收集上层样品，用蒸馏水反复冲洗。

将收集的样品沥干水分重新放入锥形底容器内，加入 2 L 蒸馏水，从底部充气 60 min，停气静置 20 min，打开底部阀门，用筛网收集沉于底部的样品。将收集的样品沥干水分称重(G_1)，测定水分含量(W_1)。

杂质率(I)按公式(2)计算。

$$I=\frac{G_0\times(1-W_0)-G_1\times(1-W_1)}{G_0}\times 100 \qquad (2)$$

式中：

I ——杂质率的数值，单位为百分号(%)；

G_0 ——样品初始重量的数值，单位为克(g)；

W_0——样品初始水分含量的数值，单位为百分号(%)；

G_1 ——浸泡分离洗涤后的样品重量的数值，单位为克(g)；

W_1——浸泡分离洗涤后的样品水分含量的数值，单位为百分号(%)。

每个样品重复 3 个。平均杂质率为所测重复样品的算术平均值，允许相对偏差为 0.2%。

6 检测规则

6.1 组批规则

以同一生产批次、同等级的产品为一个检测批次，随机取样品量 1 000 g 以上。取样按照 GB/T 14699.1 的方法。

6.2 检验项目

检验项目为第 4 章规定的所有项目。

6.3 判定规则

6.3.1 合格判定

各项指标符合第 4 章规定的所有项目，则判定为合格产品。若其中一项不符合，允许对不合格项重新取样复检一次，依据复检结果进行合格判定。

6.3.2 等级判定

合格产品按孵化率所处的等级进行等级判定。

7 标识、包装、运输及储存

7.1 标识

7.1.1 内包装

标签内容包括产品名称、商标、产品标准、产品使用说明、净重(或净含量)、包装日期及生产日期、保质期、储存要求、生产厂名、地址、联系方式等。

7.1.2 外包装

包装外应有牢固清晰的标志，标志的位置应明显，内容包括商标、产品名称、厂名、地址、联系方式、生产日期(生产批号)、孵化率、水分含量、等级、保质期、储存要求、原产地等。

7.2 包装

运输包装材料应为纸箱、纸板桶、塑料桶或带内衬的编织袋。内包装材料应为铁罐、复合塑料袋或铝箔袋。包装应牢固、严密。

7.3 运输

运输过程中，防止雨淋、高温或暴晒。严禁与有毒有害物品混装或用有残毒、有污染的工具运载。

7.4 储存

储存库应保持清洁、卫生、无异味，无虫害和有害物质的污染及其他损失。应存放于干燥、避光和低温(−15 ℃～4 ℃)的条件下。

ICS 65.150,65.120
CCS B 51,B 54

中华人民共和国水产行业标准

SC/T 2123—2023

冷冻卤虫

Frozen brine shrimp

2023-12-22 发布 2024-05-01 实施

中华人民共和国农业农村部 发布

前　言

本文件按照 GB/T 1.1—2020《标准化工作导则　第 1 部分：标准化文件的结构和起草规则》的规定起草。

请注意本文件的某些内容可能涉及专利。本文件的发布机构不承担识别专利的责任。

本文件由农业农村部渔业渔政管理局提出。

本文件由全国水产标准化技术委员会海水养殖分技术委员会(SAC/TC 156/SC 2)归口。

本文件起草单位：天津科技大学、中盐工程技术研究院有限公司、中国水产流通与加工协会卤虫分会、唐山曹妃甸惠通水产科技有限公司、山西焦煤运城盐化集团有限公司。

本文件主要起草人：隋丽英、高美荣、张波、马颖超、李炳乾、辛乃宏、高嵩、王术庆、曹天义。

冷冻卤虫

1 范围

本文件规定了冷冻卤虫(*Artemia* spp.)相关的质量要求,描述了对应的检验方法,给出了检验规则。同时,对包装、标识、运输和储存作出了规定。

本文件适用于冷冻卤虫产品生产者声明产品符合性,或作为生产者与采购方签署贸易合同的依据,也可作为市场监管或认证机构认证的依据。

2 规范性引用文件

下列文件中的内容通过文中的规范性引用而构成本文件必不可少的条款。其中,注日期的引用文件,仅该日期对应的版本适用于本文件;不注日期的引用文件,其最新版本(包括所有的修改单)适用于本文件。

GB/T 6432 饲料中粗蛋白的测定 凯氏定氮法

GB/T 6433 饲料中粗脂肪的测定

GB/T 6438 饲料中粗灰分的测定

GB/T 10648 饲料标签

GB 13078 饲料卫生标准

GB/T 32141 饲料中挥发性盐基氮的测定

NY/T 1756 饲料中孔雀石绿的测定

SC/T 7232 虾肝肠胞虫病诊断规程

SC/T 7234 白斑综合征病毒(WSSV)环介导等温扩增检测方法

SC/T 7237 虾虹彩病毒病诊断规程

3 术语和定义

本文件没有需要界定的术语和定义。

4 质量要求

4.1 感官要求

4.1.1 冻品外观要求

应形状规整,无干耗(产品在冻藏过程中由于蒸发失去水分,表面出现异常的白色或黄色,并渗透到表层以下,影响产品外观和品质的现象)、软化现象。

4.1.2 解冻后感官要求

应符合表1的要求。

表1 解冻后感官要求

项 目	要 求
形态	虫体基本完整
色泽	具有红棕色、棕黄色或青绿色等卤虫固有的色泽
气味	具有卤虫固有的气味,无异味
杂质	无肉眼可见的杂质

4.2 理化指标

应符合表2的要求。

表 2　理化指标

项　目	要　求
虫体含量,%	≥60
中心温度,℃	≤－18
挥发性盐基氮,mg/100 g	≤30

4.3　营养指标

应符合表 3 的要求。

表 3　营养成分

项　目	要　求
粗灰分,%	≤3
粗蛋白,%干重	≥40
粗脂肪,%干重	≥6

4.4　卫生指标

应符合 GB/T 13078 的规定。

4.5　病原

不得检出白斑综合征病毒、虾肝肠胞虫、虾虹彩病毒等疫病病原。

4.6　药物残留

不得检出孔雀石绿等禁用药残留。

5　检验方法

5.1　感官

5.1.1　冻品

在光线充足、无异味的环境中,将样品置于洁净的白色盘中,通过肉眼观察和鼻嗅,按 4.1.1 的规定逐项检验。

5.1.2　解冻产品

将内包装完好的产品完全浸没于≤25 ℃的水体中,置于阴凉处使其自然融化,按 4.1.2 的规定逐项检验。

5.2　理化指标

5.2.1　虫体含量

任取一整块带内包装的卤虫冻品,用天平(感量 0.01 g)称其质量(G_0),用 5.1.2 的方法使其融化。打开内包装,将完全解冻后的卤虫倒入已称重的网袋(网径 0.425 mm)(G_1)中,悬挂于阴凉处自然沥水(其间不得晃动或挤压),沥干水分至滴水不成线,称其质量(G_2)。称取拭干水分后的内包装袋质量(G_3)。冷冻卤虫虫体含量(BW)按公式(1)计算。每个样品重复测定 3 次,其算术平均值为该样品虫体含量,允许公差为 8%。

$$BW=\frac{G_2-G_1}{G_0-G_3}\times 100 \quad \cdots\cdots (1)$$

式中:

BW ——虫体含量的数值,单位为百分号(%);

G_0 ——解冻前带内包装的冷冻卤虫质量的数值,单位为克(g);

G_1 ——网袋质量的数值,单位为克(g);

G_2 ——解冻后卤虫和网袋质量的数值,单位为克(g);

G_3 ——内包装袋质量的数值,单位为克(g)。

5.2.2 冻品中心温度

用钻头钻至冻品几何中心部位，取出钻头，立即插入温度计（－30 ℃～50 ℃，±0.1 ℃），待指示温度不再变化时，读数。

5.2.3 挥发性盐基氮

按照GB/T 32141规定的方法测定。

5.3 营养成分

5.3.1 粗灰分

按照GB/T 6438规定的方法测定。

5.3.2 粗蛋白

按照GB/T 6432规定的方法测定。

5.3.3 粗脂肪

按照GB/T 6433规定的方法测定。

5.4 卫生指标

按照GB/T 13078规定的方法测定。

5.5 病原

5.5.1 白斑综合征病毒

按照SC/T 7234规定的方法测定。

5.5.2 虾肝肠胞虫

按照SC/T 7232规定的方法测定。

5.5.3 虾虹彩病毒

按照SC/T 7237规定的方法测定。

5.6 药物残留

按照NY/T 1756规定的方法测定。

6 检验规则

6.1 抽样规则

以同一生产批次的产品为一个检验批次，随机取样量不少于当批次生产量的千分之一，取样份数不少于同一批次2个独立包装的产品。

6.2 检验项目

6.2.1 产品检验

产品检验分为出厂检验和型式检验。

6.2.2 出厂检验

每批产品应进行出厂检验。检验项目为感官指标、虫体含量和中心温度。检验合格签发检验合格证，产品凭检验合格证入库或出厂。

6.2.3 型式检验

有下列情况之一时，应进行型式检验。检验项目为本文件第4章规定的所有项目：

a） 停产6个月以上，恢复生产时；

b） 原料来源变化、改变主要生产工艺、生产环境发生变化，可能影响产品质量时；

c） 国家质量监督机构提出进行型式检验要求时；

d） 出厂检验与上次型式检验有大差异时；

e） 正常生产时，每年至少2次的周期性检验。

6.3 判定规则

6.3.1 出厂检验

检验结果符合感官指标、虫体含量和中心温度规定的要求，判定为合格。不允许复检。

6.3.2 型式检验

检验结果符合第4章规定的要求，判定为合格。不允许复检。

7 包装、标识、运输及储存

7.1 包装材料

包装材料应洁净、坚固、无毒、无异味，无污染。

7.2 标识

符合GB/T 10648的规定，且标明虫体含量。

7.3 运输

运输过程中，防止雨淋、高温和暴晒。不与有毒有害物品混装或用有毒、有污染的工具运载。运输温度应低于－18 ℃。

7.4 储存

储存库应保持清洁、卫生、无异味，无有害物质的污染。应存放于干燥、避光和低于－18 ℃的冷冻条件下。

ICS 67.120.30
CCS B 53

中华人民共和国水产行业标准

SC/T 3058—2023

金枪鱼冷藏、冻藏操作规程

Code of practice for cold storage and frozen storage of tunas

2023-04-11 发布

2023-08-01 实施

中华人民共和国农业农村部 发布

前 言

本文件按照 GB/T 1.1—2020《标准化工作导则 第1部分：标准化文件的结构和起草规则》的规定起草。

请注意本文件的某些内容可能涉及专利。本文件的发布机构不承担识别专利的责任。

本文件由农业农村部渔业渔政管理局提出。

本文件由全国水产标准化技术委员会水产品加工分技术委员会(SAC/TC 156/SC 3)归口。

本文件起草单位：中国水产科学研究院南海水产研究所、山东好当家海洋发展股份有限公司、山东美佳集团有限公司、平太荣远洋渔业集团有限公司、深圳市添晨生物科技有限公司、中国水产科学研究院。

本文件主要起草人：杨贤庆、马海霞、郭晓华、孙永军、倪泳一、周博骏、郝淑贤、陈胜军、何雅静。

金枪鱼冷藏、冻藏操作规程

1 范围

本文件确立了海洋捕捞金枪鱼的冷藏、冻藏操作流程，规定了船上操作、装卸、陆上操作、运输等阶段的操作指示，以及各阶段之间的转换条件，描述了船上操作记录、装卸记录、陆上操作记录、运输记录和档案管理等追溯方法。

本文件适用于指导海洋捕捞太平洋蓝鳍金枪鱼（*Thunnus orientalis*）、大西洋蓝鳍金枪鱼（*Thunnus thynnus*）、南方蓝鳍金枪鱼（*Thunnus maccoyii*）、黄鳍金枪鱼（*Thunnus albacores*）、大眼金枪鱼（*Thunnus obesus*）的船上和陆上冷藏、冻藏操作。其他的金枪鱼品种的冷藏、冻藏操作可参照执行。

2 规范性引用文件

下列文件中的内容通过文中的规范性引用而构成本文件必不可少的条款。其中，注日期的引用文件，仅该日期对应的版本适用于本文件；不注日期的引用文件，其最新版本（包括所有的修改单）适用于本文件。

GB 5749　生活饮用水卫生标准

GB 14930.2　食品安全国家标准　消毒剂

GB 20941　食品安全国家标准　水产制品生产卫生规范

GB/T 36193　水产品加工术语

SC/T 3003　渔获物装卸操作技术规程

SC/T 3035　水产品包装、标识通则

SC/T 8139　渔船设施卫生基本条件

3 术语和定义

GB/T 36193 界定的术语和定义适用于本文件。

4 通则

4.1　渔船设施卫生条件应符合 SC/T 8139 的规定。

4.2　生产设施与设备、卫生管理、生产过程的卫生控制等应符合 GB 20941 的规定。

4.3　渔船应配有速冻间、超低温冻藏舱或冷藏舱。速冻间温度宜控制在－60 ℃以下，超低温冻藏舱温度宜控制在－55 ℃以下；冷藏舱温度宜控制在－2 ℃～0 ℃。

4.4　生产用水及制冰用水应符合 GB 5749 的规定，使用的海水应为清洁海水。

4.5　设备和器具消毒所用的消毒剂产品应符合 GB 14930.2 的规定。

4.6　包装材料应符合 SC/T 3035 的规定。

4.7　每次起捕前，所有与金枪鱼接触的渔船甲板、护栏及器具应用清洁海水冲洗干净。

5 工艺流程

工艺流程包括致死、放血冲洗、去鳃去内脏、清洗、称重、船上冷藏或船上超低温冻藏、装卸、陆上冷藏或陆上超低温冻藏、运输 9 个阶段。工艺流程图如图 1 所示。

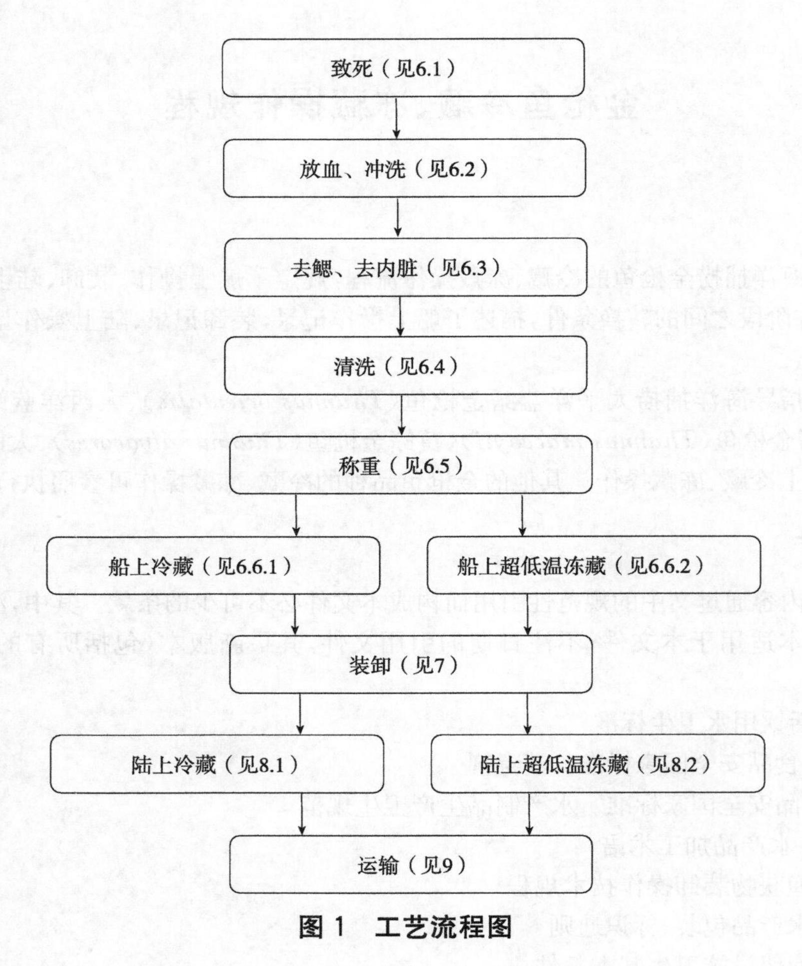

图 1　工艺流程图

6　船上操作

6.1　致死

将捕获的金枪鱼放在铺有垫子的渔船甲板上，垫子由食品级材质制成；宜先用木棒或橡胶棒把鱼击晕，再用专用工具插入鱼头部致鱼死亡；致死后检查鱼体是否存在金属鱼钩杂质，若有鱼钩残留，人工去除。

6.2　放血、冲洗

使用专用放血刀割断胸鳍基部及两鳃动脉血管放血，刀口长度和深度宜根据鱼体大小确定，割断血管后将水管插入鳃盖下方冲入海水至出血口没有血水流出。

6.3　去鳃、去内脏

清除鱼鳃，从肛门到腹部切开约 10 cm，掏出内脏，清除残余内脏、腔膜。

6.4　清洗

用海水将鱼体内外冲洗干净。清洗干净后用干净海绵等擦干内腔水分。

6.5　称重

6.5.1　对清洗完毕的金枪鱼进行称重。称重后记录重量并进行标识，标识内容主要为品种、重量等信息。实施可追溯的产品有可追溯标识。

6.5.2　称重标识后的产品进入冷藏或冻藏。

6.6　船上冷藏/冻藏

6.6.1　船上冷藏

6.6.1.1　金枪鱼入舱前，对冷藏舱和用具进行清洗与消毒，并将冷藏舱温度预先降至－2 ℃～0 ℃。

6.6.1.2　将标识后的金枪鱼置于冷藏舱中，用碎冰填满鱼体内腔；舱底铺碎冰厚度不少于 20 cm，一层冰一层鱼，避免鱼体接触舱壁，最上层鱼体表面覆冰厚度不少于20 cm。

6.6.1.3 在冷藏过程中，及时排出舱内融化的冰水并补充添加碎冰。

6.6.1.4 船上冷藏时间宜控制在48 h内。

6.6.2 船上超低温冻藏

6.6.2.1 速冻

速冻间温度预先降至－35 ℃以下，将称重好的金枪鱼置于速冻间，调节库温宜控制在－60 ℃以下，冻结30 h以上，当鱼体中心温度降至－45 ℃以下时进入下一工序。

6.6.2.2 镀冰衣

将速冻好的金枪鱼放入水中镀冰衣，水温宜控制在15 ℃以下，时间宜控制在10 s内，冰衣均匀透明并覆盖鱼体表面。

6.6.2.3 储藏

将镀冰衣的金枪鱼转移至超低温冻藏舱储藏，放置鱼时宜顺船体纵向方向紧凑排列。超低温冻藏舱温度宜控制在－55 ℃以下，温度波动不超过2 ℃。

7 装卸

按SC/T 3003的规定执行。

8 陆上操作

8.1 陆上冷藏

8.1.1 从渔船上装卸下来的冷藏金枪鱼立即运至工厂进行包装。包装时将鱼放入专用防水防渗透的包装箱中，在鱼头内、体腔内部塞满冰袋，包装箱内空余地方宜塞满冰袋；冰袋温度宜≤－18 ℃，材质为食品级。

8.1.2 按品种、规格大小进行包装。包装过程保证产品不受到二次污染。包装车间的温度宜控制在10 ℃以下。

8.1.3 包装好的产品宜置于温度为－2 ℃～0 ℃的冷藏库中保存，不同品种、规格、批次的产品分别堆垛，排列整齐。

8.2 陆上超低温冻藏

8.2.1 将从渔船上装卸下来的超低温冷冻金枪鱼迅速转移至陆地上工厂内的超低温冻藏库进行储藏，冻藏库温度宜控制在－55 ℃以下，温度波动不超过2 ℃。

8.2.2 不同品种、规格、批次的产品分别堆垛，排列整齐。

8.2.3 进出货时先进先出。

9 运输

9.1 运输工具清洁、无异味，不接触有腐蚀性物质或其他有害物质。

9.2 运输过程中产品防止日晒、虫害、有害物质的污染和其他损害，不与气味浓郁物品混运。

9.3 在运输过程中，集装箱内温度控制在－35 ℃以下，运输时间不宜超过24 h。

9.4 在运输过程中，冷藏金枪鱼的温度宜保持在－2 ℃～0 ℃，运输时间不宜超过24 h。

10 追溯方法

10.1 船上和陆上的操作记录

10.1.1 记录船上捕获的每条金枪鱼，记录内容包括捕捞渔船、捕获时间、捕捞海域、品种、重量等信息。

10.1.2 陆上操作记录内容包括捕捞渔船、捕获时间、捕捞海域、生产日期、生产班组、生产批号、产品种类、产品数量、产品规格、执行的具体操作内容、操作的结果或观察到的现象等信息。

10.2 装卸记录

装卸记录内容包括装卸前的产品温度和环境温度、装车时间、装车后的运输载体内环境温度、卸货时间以及装卸完成后的产品温度和环境温度、要转入的储存环境温度等信息。

10.3 运输记录

运输记录内容包括运输工具类型、运输载体标识(如车辆牌号、船舶识别号等)、运输人员信息、运输前产品温度、运输过程中运输载体内环境温度、运输结束后的产品温度、运输时间等信息。

10.4 档案管理

建立完整的记录档案,保留时间在2年以上。

ICS 67.120.30
CCS B 53

中华人民共和国水产行业标准

SC/T 3059—2023

海捕虾船上冷藏、冻藏操作规程

Code of practice for cold storage and frozen storage of marine captured shrimp on fishing boat

2023-04-11 发布 2023-08-01 实施

中华人民共和国农业农村部 发布

前　言

本文件按照 GB/T 1.1—2020《标准化工作导则　第 1 部分：标准化文件的结构和起草规则》的规定起草。

请注意本文件的某些内容可能涉及专利。本文件的发布机构不承担识别专利的责任。

本文件由农业农村部渔业渔政管理局提出。

本文件由全国水产标准化技术委员会水产品加工分技术委员会(SAC/TC 156/SC 3)归口。

本文件起草单位：中国水产科学研究院南海水产研究所、百洋产业投资集团股份有限公司、山东好当家海洋发展股份有限公司、浙江省海洋水产研究所、山东美佳集团有限公司、浙江大学舟山海洋研究中心、中国水产科学研究院、深圳市添晨生物科技有限公司。

本文件主要起草人：杨贤庆、马海霞、蔡勇、张小军、孙永军、郭晓华、何雅静、郝淑贤、刘康、陆田、周博骏、董浩。

海捕虾船上冷藏、冻藏操作规程

1 范围

本文件确立了海捕虾的船上冷藏、冻藏操作流程，规定了预处理、冷藏或冻藏、装卸等工序的操作指示，以及各工序之间的转换条件，描述了原料虾记录、过程记录和档案管理等追溯方法。

本文件适用于对虾科(Penaeidae)、长臂虾科(Palaemonidae)、管鞭虾科(Solenoceridae)、褐虾科(Crangonidae)等海洋捕捞虾类的船上冷藏或冻藏操作。

2 规范性引用文件

下列文件中的内容通过文中的规范性引用而构成本文件必不可少的条款。其中，注日期的引用文件，仅该日期对应的版本适用于本文件；不注日期的引用文件，其最新版本(包括所有的修改单)适用于本文件。

GB 2760 食品安全国家标准 食品添加剂使用标准

GB 5749 生活饮用水卫生标准

GB 14930.2 食品安全国家标准 消毒剂

GB/T 36193 水产品加工术语

GB/T 40745 冷冻水产品包冰规范

SC/T 3003 渔获物装卸操作技术规程

SC/T 3035 水产品包装、标识通则

SC/T 3054 冷冻水产品冰衣限量

SC/T 8139 渔船设施卫生基本条件

JJF 1070 定量包装商品净含量计量检验规则

3 术语和定义

GB/T 36193 界定的术语和定义适用于本文件。

4 通则

4.1 渔船设施卫生条件应符合 SC/T 8139 的规定。

4.2 制冰用水应符合 GB 5749 的规定，使用的海水应为清洁海水。

4.3 每次捕虾起网前，所有与虾接触的甲板、护栏应用海水冲洗干净。

4.4 设备和工器具消毒所用的消毒剂产品应符合 GB 14930.2 的规定。

4.5 食品添加剂的使用品种及其用量应符合 GB 2760 的规定，食品添加剂的保管和使用应由专职人员负责。

4.6 预包装产品净含量应符合 JJF 1070 的要求。

5 工艺流程

工艺流程包括预处理、冷藏或冻藏、装卸 3 个阶段。工艺流程图如图 1 所示。

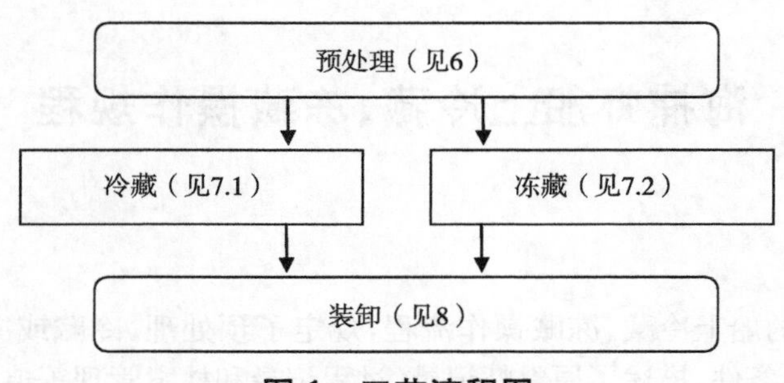

图1　工艺流程图

6　预处理

6.1　起网时，将虾倾倒入渔船甲板的指定位置。

6.2　挑拣剔除其他渔获物和异物。

6.3　如环境温度高于 30 ℃，宜用碎冰压顶降温。

6.4　用清洁海水冲洗虾，清洗后及时进入下一环节处理。

6.5　如需分级，分拣清洗后的虾按大小规格分级。

6.6　如需使用食品添加剂，选择适合产品的食品添加剂品种，根据食品添加剂的用量及使用方法，配制适合的浓度溶液备用。食品添加剂的使用方法可分为浸渍法和喷洒法 2 种，操作分别如下：

a)　浸渍法：将虾称重后浸入配制好的食品添加剂溶液中，使虾体完全浸没在溶液中。浸泡过程中控制浸泡时间。

b)　喷洒法：虾称重后铺放在漏孔的容器中，将配制好的食品添加剂溶液均匀地喷洒到虾表面，喷洒过程中翻动虾体，控制喷洒量。

7　冷藏、冻藏

7.1　冷藏

7.1.1　对冷藏舱及用具预先进行清洗与消毒。冷藏舱温度宜预先降至 0 ℃～4 ℃。

7.1.2　装箱：周转箱箱底预先放入碎冰，厚度为 2 cm～5 cm，再放入虾，一层冰一层虾，最上层虾表面覆冰 5 cm 以上；周转箱避免装得过满，防止叠放时压损虾体。

7.1.3　储存：将装好虾的周转箱整齐叠放于冷藏舱中，最上层周转箱距离冷藏舱顶部 30 cm 以上。冷藏过程中保持冷藏舱内的温度为 0 ℃～4 ℃，定时测量冷藏舱内的温度，检查冰的融化情况和冷藏舱底部积水情况等，及时补充冰和抽舱底水。

7.2　冻藏

7.2.1　速冻：分为块冻和单冻 2 种方式。

a)　块冻：速冻设备的温度预先降至－30 ℃以下，将虾称重并摆放入冻盘后，置于速冻设备中，速冻至产品的中心温度达到－18 ℃及以下。

b)　单冻：单冻设备的温度预先降至－30 ℃以下，将虾均匀、整齐摆放在冻结输送带上，摆放时避免过密，防止冻结粘连，速冻至产品的中心温度达到－18 ℃及以下。

7.2.2　镀冰衣：产品需镀冰衣时，分为水浸式镀冰衣和喷淋式镀冰衣 2 种方式，均按 GB/T 40745 的规定执行。冰衣限量按 SC/T 3054 的规定执行。

7.2.3　包装：产品如需包装，按 SC/T 3035 的规定执行。按同一品种、同一等级、同一规格进行包装，且包装牢固、防潮、不易破损。

7.2.4　标识：产品如需标识，则标明虾的品种、数量、生产日期、捕获海域等。实施可追溯的产品有可追溯标识。

7.2.5　储存：将虾转移至冻藏舱储存，冻藏舱温度控制在－18 ℃及以下，温度波动不超过 2 ℃。

8 装卸

按 SC/T 3003 的规定执行。

9 追溯方法

9.1 原料虾记录

记录每批捕获的虾，记录内容包括捕捞渔船、捕获时间、捕捞海域、品种、数量等信息。

9.2 过程记录

在执行第 6 章、第 7 章和第 8 章所规定的各工序的程序指示过程中，记录内容包括捕捞渔船、捕获时间、捕捞海域、生产日期、生产班组、产品品种、产品数量、执行的具体操作内容、操作的结果或观察到的现象等信息。

9.3 档案管理

建立完整的记录档案，保留时间 2 年以上。

ICS 67.120.30
CCS X 20

中华人民共和国水产行业标准

SC/T 3060—2023

鳕鱼品种的鉴定　实时荧光PCR法

Identification of cod fish species—Real-time PCR method

2023-04-11 发布　　2023-08-01 实施

中华人民共和国农业农村部　发布

前　言

本文件按照 GB/T 1.1—2020《标准化工作导则　第1部分:标准化文件的结构和起草规则》的规定起草。

请注意本文件的某些内容可能涉及专利。本文件的发布机构不承担识别专利的责任。

本文件由农业农村部渔业渔政管理局提出。

本文件由全国水产标准化技术委员会水产品加工分技术委员会(SAC/TC 156/SC 3)归口。

本文件起草单位:中国水产科学研究院黄海水产研究所、日照健安检测技术服务有限公司、荣成泰祥食品股份有限公司、山东时进检测服务有限公司。

本文件主要起草人:姚琳、王联珠、曲梦、江艳华、郭莹莹、朱文嘉、柳淑芳、谭志军、张廷翠、杨青、李娜、蒋昕、毕迎斌。

鳕鱼品种的鉴定　实时荧光 PCR 法

1　范围

本文件描述了以实时荧光 PCR 法测定鳕鱼源性成分的原理、仪器设备、试剂和材料、样品制备、DNA 提取、DNA 纯度和浓度测定、测定方法、结果判定与表达、防污染措施。

本文件适用于鳕鱼及易混鱼产品的定性检测。包括太平洋鳕鱼(*Gadus macrocephalus*)、大西洋鳕鱼(*Gadus morhua*)、黑线鳕(*Melanogrammus aeglefinu*)、绿青鳕(*Pollachius virens*)、蓝鳕(*Micromesistius poutassou*)、细鳞壮鳕(*Albatrossia pectoralis*)、狭鳕(*Theragra chalcogramma*)、阿根廷无须鳕(*Merluccius hubbsi*)等鳕鱼,以及棘鳞蛇鲭(*Ruvettus pretiosus*)、异鳞蛇鲭(*Lepidocybium flavobrunneum*)、小鳞南极犬牙鱼(*Dissostichus eleginoides*)、莫氏南极犬牙鱼(*Dissostichus mawsoni*)、裸盖鱼(*Anoplopoma fimbria*)等鳕鱼易混品种。本文件不适用于混合样品。

2　规范性引用文件

下列文件中的内容通过文中的规范性引用而构成本文件必不可少的条款。其中,注日期的引用文件,仅该日期对应的版本适用于本文件;不注日期的引用文件,其最新版本(包括所有的修改单)适用于本文件。

GB/T 6682　分析实验室用水规格和试验方法

GB/T 19495.4　转基因产品检测　实时荧光定性聚合酶链式反应(PCR)检测方法

GB/T 27403　实验室质量控制规范　食品分子生物学检测

3　术语和定义

GB/T 19495.4 界定的术语和定义适用于本文件。

4　缩略语

下列缩略语适用于本文件。

BSA:牛血清蛋白(bull serum albumin)

COⅠ:细胞色素氧化酶Ⅰ亚基(cytochrome oxidase subunit Ⅰ)

CTAB:十六烷基三甲基溴化铵(cetyltrithylammonium bromide)

Ct:循环阈值(cycle threshold)

Cyt b:细胞色素 b(cytochrome b)

DNA:脱氧核糖核酸(deoxyribonuleic acid)

DNase:脱氧核糖核酸酶(deoxyribonuclease)

dATP:脱氧腺苷三磷酸(deoxyadenosine triphosphate)

dCTP:脱氧胞苷三磷酸(deoxycytidine triphosphate)

dGTP:脱氧鸟苷三磷酸(deoxyguanosine triphosphate)

dNTP:脱氧核苷酸三磷酸(deoxyribonucleoside triphosphate)

dTTP:脱氧胸苷三磷酸(deoxythymidine triphosphate)

EDTA:乙二胺四乙酸(ethylene diamine tetraacetic acid)

FAM:羧基荧光素(carboxy fluorescein)

IU:酶活国际单位(international unit)

MGB:小沟结合物(minor groove binder)

PCR:聚合酶链式反应(polymerase chain reaction)

ROX:羧基-X-罗丹明(carboxy-X-rhodamine)

SNP:单核苷酸多态性(single nucleotide polymorphism)

Taq:水生栖热菌(*Thermus aquaticu*)

Tris:三(羟甲基)氨基甲烷[tris(hydroxymethyl)aminomethane]

16SrRNA:16S 核糖体 RNA(16S ribosomal RNA)

18SrRNA:18S 核糖体 RNA(18S ribosomal RNA)

5 鳕鱼及其易混品种

5.1 鳕鱼

本文件中指鳕形目(Gadiformes)鱼类,主要指商业化捕捞、加工与贸易中常见的鳕科(Gadidae)、长尾鳕科(Macrouridae)、无须鳕科(Merlucciidae)的主要品种。

5.2 油鱼

本文件中指鲈形目带鰆科棘鳞蛇鲭属的棘鳞蛇鲭(*Ruvettus pretiosus*)及异鳞蛇鲭属的异鳞蛇鲭(*Lepidocybium flavobrunneum*)。切片后商品形态与鳕鱼类似,市场俗称油鱼。

5.3 银鳕鱼

本文件中指商业化捕捞、加工与贸易中常见的鲈形目南极鱼科犬牙南极鱼属的小鳞南极犬牙鱼(*Dissostichus eleginoides*)、莫氏南极犬牙鱼(*Dissostichus mawsoni*),鲉形目黑鲉科裸盖鱼属的裸盖鱼(*Anoplopoma fimbria*),市场俗称银鳕鱼。裸盖鱼也俗称黑鳕鱼。

6 原理

针对鳕鱼及其易混品种的特异性基因片段设计引物与探针,通过分析实时荧光 PCR 扩增曲线与 *Ct* 值,对鳕鱼及其易混品种进行定性判定。

7 仪器设备

7.1 实时荧光 PCR 仪。

7.2 离心机:转速不小于 12 000 r/min。

7.3 核酸蛋白分析仪或紫外分光光度计。

7.4 天平:感量 0.001 g。

7.5 恒温水浴锅。

7.6 高压灭菌锅。

7.7 涡旋振荡器。

7.8 微量移液器。

8 试剂和材料

除另有规定外,所用试剂均为分析纯;实验用水为 GB/T 6682 中规定的一级水;所用试剂、材料均应不含 DNA 和 DNase。

8.1 试剂

8.1.1 苯酚。

8.1.2 浓盐酸。

8.1.3 氯仿。

8.1.4 异戊醇。

8.1.5 异丙醇。

8.1.6 无水乙醇。

8.1.7 CTAB。

8.1.8 氯化钠。

8.1.9 Tris-base。

8.1.10 Na_2EDTA。

8.1.11 蛋白酶 K:40 IU/mg。

8.1.12 热启动 *Taq* DNA 聚合酶:5 IU/μL。

8.1.13 氯化钾。

8.1.14 硫酸铵。

8.1.15 七水硫酸镁。

8.1.16 Triton X-100。

8.1.17 BSA。

8.1.18 dNTP。

8.1.19 dATP。

8.1.20 dCTP。

8.1.21 dGTP。

8.1.22 dTTP。

8.1.23 ROX。

8.2 溶液

8.2.1 200.0 mmol/L 氯化钾溶液:用 80 mL 水溶解 1.49 g 氯化钾(8.1.13)并定容至 100 mL,高压灭菌。

8.2.2 200.0 mmol/L 硫酸铵溶液:用 80 mL 水溶解 2.64 g 硫酸铵(8.1.14)并定容至 100 mL。

8.2.3 200.0 mmol/L 硫酸镁溶液:用 80 mL 水溶解 4.93 g 七水硫酸镁(8.1.15)并定容至 100 mL,高压灭菌。

8.2.4 200.0 mmol/L Tris-HCl 溶液:用 80 mL 水溶解 12.11 g Tris-base(8.1.9),用浓盐酸(8.1.2)调 pH 至 8.8,用水定容至 100 mL,高压灭菌。

8.2.5 2.0 mmol/L dATP 溶液:取 0.01 g dATP(8.1.19),用水溶解并定容至 10 mL。

8.2.6 2.0 mmol/L dCTP 溶液:取 0.01 g dCTP(8.1.20),用水溶解并定容至 10 mL。

8.2.7 2.0 mmol/L dGTP 溶液:取 0.01 g dGTP(8.1.21),用水溶解并定容至 10 mL。

8.2.8 2.0 mmol/L dTTP 溶液:取 0.01 g dTTP(8.1.22),用水溶解并定容至 10 mL。

8.2.9 2.0 mmol/L dNTP 溶液:取 2.5 mL 2.0 mmol/L dATP 溶液(8.2.5)、2.5 mL 2.0 mmol/L dCTP 溶液(8.2.6)、2.5 mL 2.0 mmol/L dGTP 溶液(8.2.7)与 2.5 mL 2.0 mmol/L dTTP 溶液(8.2.8)混匀。

8.2.10 70%乙醇:量取 70 mL 无水乙醇(8.1.6)与 30 mL 水混匀。

8.2.11 苯酚:氯仿:异戊醇混合液:量取 25 mL 苯酚(8.1.1)、24 mL 氯仿(8.1.3)与 1 mL 异戊醇(8.1.4)混匀,静置 12 h。

8.2.12 1% Triton X-100 溶液:取 100 μL Triton X-100(8.1.16)与 9.9 mL 水混匀。

8.2.13 20 mg/mL BSA 溶液:取 0.2 g BSA(8.1.17)用水溶解并定容至 10 mL。

8.2.14 CTAB 裂解液:用 800 mL 水溶解 20.0 g CTAB(8.1.7)、81.8 g 氯化钠(8.1.8)、12.1 g Tris-base(8.1.9)、7.5 g Na_2EDTA(8.1.10),调节 pH 至 8.0,用水定容至 1 L,分装后高压灭菌。

8.2.15 CTAB 沉淀液:用 800 mL 水溶解 5.0 g CTAB(8.1.7)、2.34 g 氯化钠(8.1.8),用水定容至 1 L,分装后高压灭菌。

8.2.16 20 mg/mL 蛋白酶 K 溶液:用 4 mL 水溶解 0.1 g 蛋白酶 K(8.1.11),用水定容至 5 mL,分装后

保存于−18 ℃,避免反复冻融。

8.2.17　1.2 mol/L 氯化钠溶液:用 80 mL 水溶解 7.02 g 氯化钠(8.1.8)并定容至 100 mL,高压灭菌。

8.2.18　反应预混液(2×):取 0.2 μL 热启动 *Taq* DNA 聚合酶(8.1.12)、1.4 μL 氯化钾溶液(8.2.1)、2.0 μL 硫酸铵溶液(8.2.2)、2.2 μL 硫酸镁溶液(8.2.3)、2.2 μL Tris-HCl(8.2.4)、1.5 μL Triton X-100(8.2.12)、1.2 μL BSA 溶液(8.2.13)、1.2 μL dNTP 溶液(8.2.9),加水补足至 12.5 μL。部分实时荧光 PCR 仪需 ROX 校正,可按仪器生产厂家要求在反应预混液中添加。可使用等效的 SNP 分型商品化试剂盒。

8.3　引物与探针

引物与探针名称、序列等信息见附录 A。

9　样品制备

用灭菌手术刀(剪),剖开整鱼或鱼块等样品,挖取未被污染的肌肉组织 1 g~2 g。用无菌研钵充分研磨试样至糜状。

10　DNA 提取

取 100 mg~200 mg 糜状样品至 2 mL 离心管中,加入 1 mL CTAB 裂解液(8.2.14)及 10 μL 蛋白酶 K 溶液(8.2.16),65 ℃消化 2 h,每隔 30 min 振荡混匀一次。加入 700 μL 苯酚:氯仿:异戊醇混合液(8.2.11),振荡混匀 30 s,12 000 r/min 离心 10 min,取上清液 650 μL 至另一 2 mL 离心管。加入 1 300 μL CTAB 沉淀液(8.2.15),混匀后于室温沉淀 1 h,12 000 r/min 离心 10 min,弃去上清液。在沉淀物中加入 350 μL 氯化钠溶液(8.2.17),溶解后加入 350 μL 氯仿(8.1.3),振荡混匀 30 s,12 000 r/min 离心 10 min,取上清液 300 μL 至 1.5 mL 离心管。加入 240 μL 4 ℃异丙醇(8.1.5),混匀静置 1 h,12 000 r/min 离心 15 min,弃去上清液,加入 500 μL 4 ℃ 70%乙醇(8.2.10)振荡洗涤沉淀物,12 000 r/min 离心 15 min,弃去上清液,将沉淀物于室温晾干。加入 50 μL~100 μL 水溶解沉淀物,得到样品 DNA 模板溶液。可用于实验,或保存于−18 ℃备用。

也可采用经验证可靠的商业化 DNA 提取纯化方法或试剂盒提取 DNA,具体参照说明书使用。

11　DNA 纯度和浓度测定

11.1　取 5 μL DNA 模板溶液加水稀释至 1 mL,使用核酸蛋白分析仪或紫外分光光度计(0.5 mL 或 1 mL 石英比色皿),在 260 nm 和 280 nm 波长处测定吸光值。

11.2　DNA 纯度按公式(1)计算。

$$P=\frac{A_{260}}{A_{280}} \qquad (1)$$

式中:

P ——DNA 纯度;

A_{260} ——260 nm 处的吸光值;

A_{280} ——280 nm 处的吸光值。

11.3　DNA 浓度按公式(2)计算。

$$C=\frac{A_{260}\times N\times 50}{1000} \qquad (2)$$

式中:

C ——DNA 浓度的数值,单位为微克每微升(μg/μL);

A_{260} ——260 nm 处的吸光值;

N ——DNA 稀释倍数。

11.4　提取的模板中 DNA 纯度在 1.7~1.9、浓度在 10 ng/μL~100 ng/μL 时,适宜于实时荧光 PCR

检测。

12 测定方法

12.1 检测与对照设置

将样品提取的DNA模板按相应的反应体系与反应程序进行扩增,同时设置如下对照试验:

a) 阴性对照:以非目标鱼类提取的DNA为模板,按相应的反应体系与反应程序扩增;

b) 阳性对照:以目标鱼类提取的DNA为模板,按相应的反应体系与反应程序扩增;

c) 空白对照:以等体积水代替模板DNA,按相应的反应体系与反应程序扩增;

d) 内参对照:以样品提取的DNA为模板,按相应的反应体系与反应程序扩增。

12.2 鳕鱼源性成分检测

12.2.1 反应体系

在PCR反应管中,依次加入反应预混液(2×)(8.2.18)12.5 μL、上下游引物XXMF/XXMR(10.0 μmol/L)各0.5 μL、探针XXMP(10.0 μmol/L)0.6 μL、样品DNA模板5.0 μL,并用水补足至25.0 μL;每个样品做3个平行。

12.2.2 反应程序

95 ℃预变性10 min后进入循环:95 ℃变性15 s,62 ℃退火延伸1 min,至少40个循环,在每个循环退火延伸时收集荧光。可根据实时荧光PCR仪、试剂盒的要求,对反应体系、反应程序进行适当调整。

12.2.3 内参基因检测

反应体系:在PCR反应管中,依次加入反应预混液(2×)(8.2.18)12.5 μL、上下游引物18SF/18SR(10.0 μmol/L)各0.5 μL、探针18SP(10.0 μmol/L)0.6 μL、样品DNA模板5.0 μL,用水补足至25.0 μL;每个样品做3个平行。

反应程序:按照12.2.2设置。

12.3 异鳞蛇鲭源性成分检测

12.3.1 反应体系

在PCR反应管中,依次加入反应预混液(2×)(8.2.18)12.5 μL、上下游引物LFCOF/LFCOR(10.0 μmol/L)各0.55 μL、探针LFCOP(10.0 μmol/L)0.3 μL、DNA模板5.0 μL,用水补足至25.0 μL;每个样品做3个平行。

12.3.2 反应程序

95 ℃预变性10 min后进入循环:95 ℃变性15 s,60 ℃退火延伸1 min,至少40个循环,在每个循环退火延伸时收集荧光。可根据实时荧光PCR仪、试剂盒的要求,对反应体系、反应程序进行适当调整。

12.3.3 内参基因检测

按照12.2.3配制反应体系、设置反应程序,其中退火延伸温度降为60 ℃。

12.4 棘鳞蛇鲭源性成分检测

12.4.1 反应体系

在PCR反应管中,依次加入反应预混液(2×)(8.2.18)12.5 μL、上下游引物RPCOF/RPCOR(10.0 μmol/L)各0.55 μL、探针RPCOP(10.0 μmol/L)0.3 μL、DNA模板5.0 μL,用水补足至25.0 μL;每个样品做3个平行。

12.4.2 反应程序

按照12.3.2。

12.4.3 内参基因检测

按照12.3.3。

12.5 裸盖鱼源性成分检测

12.5.1 反应体系

在 PCR 反应管中，依次加入反应预混液（2×）（8.2.18）12.5 μL、上下游引物 AFCYF/AFCYR（10.0 μmol/L）各 0.55 μL、探针 AFCYP（10.0 μmol/L）0.3 μL、DNA 模板 5.0 μL，用水补足至 25.0 μL；每个样品做 3 个平行。

12.5.2 反应程序

按照 12.3.2。

12.5.3 内参基因检测

按照 12.3.3。

12.6 小鳞南极犬牙鱼源性成分检测

12.6.1 反应体系

在 PCR 反应管中，依次加入反应预混液（2×）（8.2.18）12.5 μL、上下游引物 DECOF/DECOR（10.0 μmol/L）各 0.45 μL、探针 DECOP（10.0 μmol/L）0.2 μL、DNA 模板 5.0 μL，用水补足至 25.0 μL；每个样品做 3 个平行。

12.6.2 反应程序

按照 12.3.2。

12.6.3 内参基因检测

按照 12.3.3。

12.7 莫氏南极犬牙鱼源性成分检测

12.7.1 反应体系

在 PCR 反应管中，依次加入反应预混液（2×）（8.2.18）12.5 μL、上下游引物 DMCOF/DMCOR（10.0 μmol/L）各 0.55 μL、探针 DMCOP（10.0 μmol/L）0.3 μL、DNA 模板 5.0 μL，用水补足至 25.0 μL；每个样品做 3 个平行。

12.7.2 反应程序

按照 12.3.2。

12.7.3 内参基因检测

按照 12.3.3。

13 结果判定与表述

13.1 过程质量控制

当对照试验符合以下结果时，实验有效；有任一条不符合时，需重新进行提取、扩增。

a） 空白对照：无荧光对数增长，相应的 *Ct* 值＞40.0；

b） 阴性对照：无荧光对数增长，相应的 *Ct* 值＞40.0；

c） 阳性对照：有荧光对数增长，且荧光通道出现典型的扩增曲线，相应的 *Ct* 值＜30.0；

d） 内参对照：有荧光对数增长，且荧光通道出现典型的扩增曲线，相应的 *Ct* 值＜30.0。

13.2 结果判定

当过程质量控制符合要求时，可对样品检测结果进行判定：

a） 如果样品 *Ct* 值≤35.0，则判定被检样品阳性；

b） 如果样品 *Ct* 值≥40.0，则判定为被检样品阴性；

c） 如样品 35.0＜*Ct* 值＜40.0，则需重复检测一次。再次扩增后 *Ct* 值仍＜40.0，则判定被检样品阳性；如再次扩增后 *Ct* 值≥40.0，则判定被检样品阴性。

14 防污染措施

检测过程中防止交叉污染的措施按照 GB/T 27403 的规定执行。

附 录 A
(规范性)
引物、探针信息表

引物、探针信息表见表 A.1。

表 A.1 引物、探针信息表

名称	序列(5′→3′)	目的基因片段
鳕鱼上游引物 XXMF	TAATCACTTGTCTTTTAAATGAA	鳕鱼 16S rRNA 基因特异性片段
鳕鱼下游引物 XXMR	TTTARGTCTAAAGCTCCA	
鳕鱼探针 XXMP	FAM-CCAGTCAATGAAATTGAC-MGB	
异鳞蛇鲭上游引物 LFCOF	GACTTCTGCCTCCATCCTTCCTCC	异鳞蛇鲭 COⅠ 基因特异性片段
异鳞蛇鲭下游引物 LFCOR	AGGAGATCCCTGCTAAGTGCAGG	
异鳞蛇鲭探针 LFCOP	FAM-CCGGAGCTGGAACCGGGTGGACAG-MGB	
棘鳞蛇鲭上游引物 RPCOF	TGAAGCCGGAGCCGGAACC	棘鳞蛇鲭 COⅠ 基因特异性片段
棘鳞蛇鲭下游引物 RPCOR	GTATTGGGAGATGGCTGCGGG	
棘鳞蛇鲭探针 RPCOP	FAM-CCTCTCGCCGGAAACCTAGCCCATGC-MGB	
裸盖鱼上游引物 AFCYF	CCTTACGGGACTTTTCCTCGC	裸盖鱼 Cyt b 基因特异性片段
裸盖鱼下游引物 AFCYR	ACCTCGGCCGATGTGCATAT	
裸盖鱼探针 AFCYP	FAM-TTGCGACCGCCTTCTCTTCCGTC-MGB	
小鳞南极犬牙鱼上游引物 DECOF	CCCTTAGCCTGCTCATCCGG	小鳞南极犬牙鱼 COⅠ 基因特异性片段
小鳞南极犬牙鱼下游引物 DECOR	GGATGAGTCAGTTTCCGAAGCCT	
小鳞南极犬牙鱼探针 DECOP	FAM-AACCTGGCGCCCTATTGGGAGACGAC-MGB	
莫氏南极犬牙鱼上游引物 DMCOF	CATGGCTTTCCCTCGAATAAAT	莫氏南极犬牙鱼 COⅠ 基因特异性片段
莫氏南极犬牙鱼下游引物 DMCOR	CCGGCTTCTACACCTGAAGAA	
莫氏南极犬牙鱼探针 DMCOP	FAM-CCTCCTTCCTACTCTTACT-MGB	
真核生物 18S rRNA 基因上游引物 18SF	TCTGCCCTATCAACTTTCGATGGTA	真核生物 18S rRNA 基因特异性片段
真核生物 18S rRNA 基因下游引物 18SR	AATTTGCGCGCCTGCTGCCTTCCTT	
真核生物 18S rRNA 基因探针 18SP	FAM-CCGTTTCTCAGGCTCCCTCTCCGGAATCGAACC-TAMRA	
注:R 为简并碱基,代表 A 或 G。		

ICS 67.120.30
CCS B 53

中华人民共和国水产行业标准

SC/T 3061—2023

冻虾加工技术规程

Technical code of practice for frozen shrimp or prawn

2023-04-11 发布　　2023-08-01 实施

中华人民共和国农业农村部　发布

前　言

本文件按照 GB/T 1.1—2020《标准化工作导则　第 1 部分:标准化文件的结构和起草规则》的规定起草。

请注意本文件的某些内容有可能涉及专利。本文件的发布机构不承担识别专利的责任。

本文件由农业农村部渔业渔政管理局提出。

本文件由全国水产标准化技术委员会水产加工分技术委员会(SAC/TC 156/SC 3)归口。

本文件起草单位:中国水产科学研究院黄海水产研究所、广东恒兴集团有限公司、山东美佳集团有限公司、广东虹宝水产开发股份有限公司、福建卜蜂水产有限公司、湛江港洋水产有限公司、福建安井食品股份有限公司、浙江省海洋开发研究院、湛江市食品药品检验所、山东省海洋资源与环境研究院。

本文件主要起草人:郭莹莹、王联珠、陈宇驰、朱文嘉、郭晓华、江艳华、田磊、程兴、冼上贵、董庆远、张文海、李娜、姚琳、杨会成、高平、徐英江、陈康健、蒋昕。

冻虾加工技术规程

1 范围

本文件确立了冻虾的加工流程，规定了原料验收、清洗、拣选、速冻、称重、包装、储存等工序的操作指示，以及各工序之间的转换条件，描述了原料验收记录、生产过程记录和档案管理等追溯方法。

本文件适用于以对虾科(Penaeidae)、长额虾科(Pandalidae)、褐虾科(Crangonidae)、长臂虾科(Palaemonidae)、管鞭虾科(Solenoceridae)为原料的冻全虾、冻去头虾的加工企业生产操作。

2 规范性引用文件

下列文件中的内容通过文中的规范性引用而构成本文件必不可少的条款。其中，注日期的引用文件，仅该日期对应的版本适用于本文件；不注日期的引用文件，其最新版本(包括所有的修改单)适用于本文件。

GB/T 191 包装储运图示标志
GB 2733 食品安全国家标准 鲜、冻动物性水产品
GB 2760 食品安全国家标准 食品添加剂使用标准
GB 5749 生活饮用水卫生标准
GB 7718 食品安全国家标准 预包装食品标签通则
GB 20941 食品安全国家标准 水产制品生产卫生规范
GB/T 30889 冻虾
GB/T 36193 水产品加工术语
GB/T 40745 冷冻水产品包冰规范
SC/T 3035 水产品包装、标识通则
JJF 1070 定量包装商品净含量计量检验规则

3 术语和定义

GB/T 36193、GB/T 30889 界定的术语和定义适用于本文件。

4 通则

4.1 加工车间、设施与设备、卫生管理及生产过程的食品安全控制等应符合 GB 20941 的规定。

4.2 加工用水为饮用水或清洁海水。饮用水应符合 GB 5749 的规定，清洁海水应符合 GB 5749 中微生物、污染物的要求且不含异物。

4.3 加工用食品添加剂的种类及用量应符合 GB 2760 的规定。

4.4 冻虾产品质量应符合 GB/T 30889 的规定。

5 加工工艺流程

冻虾加工通常包括 16 个工序，企业可根据原料和终产品要求等生产实际情况，确定相应的生产工序。冻虾加工工艺流程如图 1 所示。

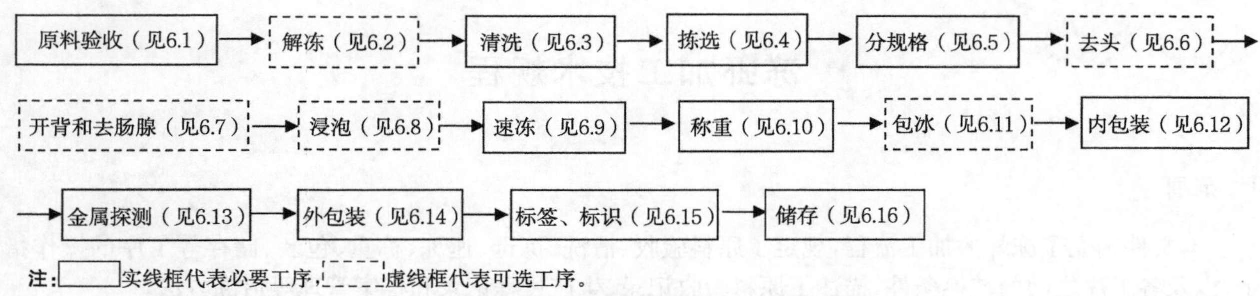

图 1 冻虾加工工艺流程图

6 加工操作

6.1 原料验收

6.1.1 原料进厂时，需查验供货方出具的原料虾产地、供货证明等文件，并记录原料虾的品种、来源、外观、规格、重量等基本信息。

6.1.2 原料虾应符合 GB 2733 的规定，只准许验收合格的原料虾进厂加工。

6.1.3 原料虾按不同来源、规格分开存放，按先进先出的原则及时加工。

6.1.4 鲜活虾原料直接进入 6.3 清洗工序，冻虾原料进入 6.2 解冻工序。

6.2 解冻(可选)

6.2.1 冻虾原料宜采用空气解冻、流水解冻或两者相结合的方式解冻。

6.2.2 解冻时环境温度宜≤18 ℃，解冻至块冻虾的个体易分离或单冻虾的外壳软化，产品温度不超过 4 ℃为宜。

6.2.3 解冻后的原料虾加碎冰暂存，暂存时间不宜超过 8 h。

6.3 清洗

6.3.1 宜采用水喷淋清洗，或浸泡在流水槽中轻轻搅动清洗，或倒入清洗设备中进行连续清洗。

6.3.2 清洗水温宜≤10 ℃，清洗时间不宜超过 3 min，清洗后需控水沥干。

6.4 拣选

将虾转移到操作台上，快速拣选剔除变色虾、破壳虾、软壳虾、病斑虾等次品虾和杂质，拣选过程中可加适量碎冰保鲜。

6.5 分规格

6.5.1 按虾体大小进行规格划分，同一规格产品的个体大小应基本均匀。

6.5.2 根据产品需求，选择进入相应的工序。

6.6 去头(可选)

6.6.1 本工序适用于需去虾头的产品。

6.6.2 去掉虾头，虾头残留肉的长度不宜超过第一腹节虾肉的 1/2。

6.6.3 去头时，虾体宜加冰保鲜，每计件单位加工处理时间不宜超过 30 min。

6.7 开背和去肠腺(可选)

6.7.1 本工序适用于需开背、去肠腺的产品。

6.7.2 沿虾体第一至第五腹节的背部中心线，用开背刀或剪刀划开，深浅基本一致，保持虾体完整，将虾腺去除干净，必要时用水清洗。

6.8 浸泡(可选)

6.8.1 本工序适用于需浸泡处理的产品。

6.8.2 根据产品工艺要求配制浸泡液，将适量虾放入浸泡液中，浸泡液温度宜≤10 ℃，浸泡时间不宜过长，浸泡期间定时轻搅，浸泡后的虾用清水冲洗、沥干。

6.9 速冻

6.9.1 单冻产品：将虾均匀摆放在速冻机的输送带上，虾体之间不相互粘连，进入速冻设备快速冻结。

6.9.2 块冻产品：将虾称重后摆放于托盘中，进入速冻设备快速冻结。冻结完毕后，将托盘立即放入水中，1 s～3 s后取出，反转轻叩托盘，操作过程中水温宜≤15 ℃，并保持冻品完整。

6.9.3 速冻室温度宜≤－30 ℃，确保冻结后产品中心温度≤－18 ℃。

6.10 称重

6.10.1 块冻产品在速冻之前称重，单冻产品在速冻之后称重。

6.10.2 所用衡器的最大称量值不宜超过被称样品重量的5倍，衡器应在计量检定的合格周期内。

6.10.3 预包装产品净含量应符合JJF 1070的规定。

6.11 包冰(可选)

6.11.1 本工序适用于需包冰的产品。

6.11.2 包冰操作按GB/T 40745的规定执行。

6.12 内包装

6.12.1 速冻后产品应立即包装，单冻产品的内包装车间温度宜≤10 ℃，其他产品的内包装车间温度宜≤15 ℃。

6.12.2 成品按品种、规格进行装袋或装盒包装，不同规格的产品不应混装。

6.12.3 按SC/T 3035的规定执行，内包装材料洁净、防水、无毒、无异味。

6.13 金属探测

6.13.1 包装后产品应进行金属探测。当探测到含有金属的产品时，加贴醒目标识另行处理，并采取措施查找金属来源。

6.13.2 金属探测器的灵敏度应达到探片铁(Fe)≤2.0 mm、不锈钢(SUS)≤3.0 mm、非铁(Non-Fe)≤3.0 mm。

6.14 外包装

6.14.1 按SC/T 3035的规定执行，外包装材料牢固、防潮、不易破损。

6.14.2 将密封包装后的产品装入包装箱，箱中产品排列整齐，并附产品合格证明。

6.15 标签和标识

6.15.1 预包装产品的标签、标识按GB 7718的规定执行，单位重量所含虾的只数与标识规格一致。

6.15.2 非预包装产品至少标示产品名称、原料虾品种、产地、生产者或销售者名称、生产(或捕捞)日期和储存条件。

6.15.3 运输包装上的图示标志按GB/T 191的规定执行。

6.16 储存

6.16.1 包装后的产品应储存于清洁、卫生、无异味的冷库内，防止虫害、有害物质的污染和其他损害。

6.16.2 不同品种、规格、批次的产品分垛存放，标示清楚，并用垫板垫起，与地面距离不少于10 cm，与墙壁距离不少于30 cm，堆放高度以纸箱受压不变形为宜。

6.16.3 冷库温度应≤－18 ℃，库温波动控制在±2 ℃以内。

7 追溯方法

7.1 原料记录

每批进厂的原料都应进行记录，记录的内容包括：

a) 接收日期；

b) 原料来源；

c) 品种、外观、规格和重量；
d) 检验验收情况；
e) 其他。

7.2 生产过程记录

在执行第6章所规定的各个工序过程中，记录并保持以下内容：

a) 生产批号；
b) 生产日期；
c) 生产班组；
d) 产品数量和规格；
e) 执行的具体操作；
f) 操作的结果或观察到的现象；
g) 成品检验记录；
h) 其他。

7.3 档案管理

建立完整的质量管理档案，各种记录分类装订、归档，记录的保存时间不少于产品保质期满后6个月；没有明确保质期的，保存期限自生产日期始不少于2年。

ICS 65.150
CCS B 56

中华人民共和国水产行业标准

SC/T 4018—2023

海水养殖围栏术语、分类与标记

Vocabulary, classification and marking of marine aquaculture enclosures

2023-04-11 发布　　2023-08-01 实施

中华人民共和国农业农村部 发布

前　言

本文件按照GB/T 1.1—2020《标准化工作导则　第1部分：标准化文件的结构和起草规则》的规定起草。

请注意本文件的某些内容有可能涉及专利。本文件的发布机构不承担识别专利的责任。

本文件由农业农村部渔业渔政管理局提出。

本文件由全国水产标准化技术委员会渔具及渔具材料分技术委员会（SAC/TC 156/SC 4）归口。

本文件起草单位：中国水产科学研究院东海水产研究所、山东明波网业有限公司、扬州兴轮绳缆有限公司、常州市晨业经编机械有限公司、山东环球渔具股份有限公司、青岛奥海海洋工程研究院有限公司、浙江千禧龙纤特种纤维股份有限公司、山东海洋现代渔业有限公司、海安中余渔具有限公司、江苏九九久科技有限公司、上海海洋大学、郑州中远防务材料有限公司、舟山市悬山海洋牧场有限公司、温州丰和海洋开发有限公司、玉环市中鹿岛海洋牧场科技发展有限公司、台州广源渔业有限公司、上海理工大学材料与化学学院、江苏金枪网业有限公司、浙江省海洋水产研究所、惠州市益晨网业科技有限公司。

本文件主要起草人：石建高、翟介明、张健、李文升、程家骅、孙明、曹宸睿、庄小晔、姚湘江、姬长干、周浩、赵绍德、周新基、袁兴伟、钟文珠、王猛、曹文英、从桂懋、李守湖、孙斌、徐俊杰、邱昱、宋伟华、李茂菊。

海水养殖围栏术语、分类与标记

1 范围

本文件界定了海水养殖围栏的术语，确立了养殖围栏分类，规定了养殖围栏的标记要求。

本文件适用于海水养殖用柱桩式围栏、堤坝式围栏和浮绳式围栏。其他水产养殖围栏可参照执行。

2 规范性引用文件

下列文件中的内容通过文中的规范性引用而构成本文件必不可少的条款。其中，注日期的引用文件，仅该日期对应的版本适用于本文件；不注日期的引用文件，其最新版本（包括所有的修改单）适用于本文件。

GB/T 22213 水产养殖术语

SC/T 4001 渔具基本术语

SC/T 5001 渔具材料基本术语

3 术语和定义

GB/T 22213、SC/T 4001、SC/T 5001 界定的以及下列术语和定义适用于本文件。

3.1

围栏养殖 enclosure aquaculture; fence aquaculture

围网养殖 net pen aquaculture; net enclosure aquaculture

在海洋、湖泊和水库等水域中，用围栏（3.8）养殖水生生物的生产方式。

[来源：GB/T 22213—2008，2.9，有修改]

3.2

框架 frame

支撑围栏整体的主要构件，用于系缚网具或利用其中的走道进行养殖作业等。

3.2.1

桩基 pile foundation

在柱桩式围栏或堤坝式围栏等围栏中，由金属、混凝土等材料制成，用于支撑围栏框架或网具的柱状构件。

3.2.2

桩基系统 pile foundation system

在柱桩式围栏或堤坝式围栏等围栏中，组成桩基的构件系统。

3.2.3

走道 aisle of enclosure

在柱桩式围栏、堤坝式围栏等围栏框架上，供人员行走的通道。

3.2.4

立柱 column

在柱桩式围栏、堤坝式围栏等围栏护栏上，支撑扶手管等的立式柱状构件。

3.2.5

护栏 rail

设置在围栏的走道边，起保护作用的栏杆，一般由立柱和扶手管等部分组成。

3.2.6

扶手管　handrail pipe of enclosure

在柱桩式围栏、堤坝式围栏等围栏框架上，供人员手扶，并增加作业人员便利与安全的管子。

3.3

网具　netting gear

由网衣、纲索及属具等装配而成的结构。

3.3.1

网衣　netting

网片　netting

由网线编织而成的一定尺寸网目结构的片状编织物。

[来源：SC/T 5001—2014，2.9，有修改]

3.3.2

纲索　line；cable；rope

装配在渔具上绳索的统称。

[来源：SC/T 4001—2021，3.4]

3.3.2.1

浮绳　floating line

浮纲　float line

网衣上方边缘或网具上方装有浮子的纲索。

[来源：SC/T 4001—2021，3.4.3，有修改]

3.3.2.2

沉子纲　lead line

沉纲　ground rope

在浮绳式围网中，网衣下方边缘或网具下方装有沉子，或者本身具有沉子作用的纲索。

[来源：SC/T 4001—2021，3.4.4，有修改]

3.3.2.3

上纲　head line

网衣或网口上方边缘，承受网具主要作用力的纲索。

[来源：SC/T 4001—2021，3.4.1]

3.3.2.4

下纲　foot line

网衣或网口下方边缘，承受网具主要作用力的纲索。

[来源：SC/T 4001—2021，3.4.2]

3.3.2.5

缘纲　peripheral line

用于增加网衣边缘强度纲索的统称。

[来源：SC/T 4001—2021，3.4.8]

3.3.2.6

力纲　belly line；last ridge line

为加强网衣中间或其缝合处承受作用力和避免网衣破裂处扩大的纲索。

[来源：SC/T 4001—2021，3.4.9]

3.3.2.7

侧纲　side rope

装在网具侧缘的纲索。

［来源：SC/T 4001—2021，3.4.18］

3.3.3

网线　netting twine；fishing twine

可直接用于编织网衣或缝扎网具等的线型材料。

［来源：SC/T 5001—2014，2.6，有修改］

3.4

框架系统　frame system

支撑围栏整体的构件系统。

3.4.1

柱桩式围栏框架系统　frame system for pile enclosure

由桩基系统、走道和护栏等部分组成的框架系统。

3.4.2

堤坝式围栏框架系统　frame system for weir enclosure

由桩基系统、堤坝面和护栏等部分组成的框架系统。

3.4.3

浮绳式围网框架系统　frame system for floating line enclosure

由浮绳和浮子等部分组成的框架系统。

3.5

网具系统　netting gear system

以网具为主体，形成围栏边界的构件系统。

3.6

防逃系统　escape prevention system

以网衣等材料制成，防止养殖对象从围栏设施中逃逸的构件系统。

3.7

围栏平台　platform of enclosure

在围栏养殖区域设置的，用于开展围栏养殖管理、人员生活、物资存放、环境监测或休闲观光等的工作平台。

3.8

围栏　enclosure；net enclosure

网围　net pen；enclosure

在湖泊、水库、浅海等水域中用网围拦出一定水面养殖水生经济动植物的增养殖设施，通常由框架系统（3.4）、网具系统（3.5）和防逃系统（3.6）等部分构成。

［来源：SC/T 4001—2021，3.1.14，有修改］

3.8.1

柱桩式围栏　pile enclosure；pile fence

主体框架结构采用柱桩式围栏框架系统（3.4.1）的养殖围栏。

3.8.2

堤坝式围栏　weir enclosure；weir fence

主体框架结构采用堤坝式围栏框架系统（3.4.2）的养殖围栏。

3.8.3

浮绳式围栏　floating line enclosure

浮绳式围网　floating line net pen

主体框架结构采用浮绳式围网框架系统（3.4.3）的养殖围栏或养殖围网。

3.8.4

固定式围栏　fixed enclosure；fixed fence

位置不可以移动的养殖围栏。

3.8.5

移动式围栏 mobile enclosure;mobile fence

位置可以移动的养殖围栏。

3.8.6

普通海水围栏 traditional maricultural enclosure

传统近岸围栏 traditional enclosure;coastal enclosure

设置于离岸3海里以内岛礁水域、沿海近岸或内湾水域、岛屿附近水深小于15 m海域的中小型海水养殖围栏。

3.8.7

深水围栏 deep-water enclosure;offshore enclosure

离岸养殖围栏 deep-water enclosure;offshore enclosure

设置于离岸3海里以内岛礁水域且水深大于15 m海域的海水养殖围栏。

3.8.8

深远海围栏 deep-sea enclosure;high-sea enclosure

设置于低潮位水深大于15 m的开放性水域、离岸3海里以外的岛礁水域的海水养殖围栏。

3.8.9

港湾围栏 harbor enclosure

设置于港湾水域的养殖围栏。

3.8.10

围栏周长 enclosure circumference

围栏框架外侧边长度或围栏的外框尺寸。

3.8.11

围栏高度 enclosure height

围栏底部到框架系统顶端的垂直距离。

3.8.12

养殖面积 enclosure area

围栏框架外侧边或围栏外框所围成,用于养殖鱼类及其他水生生物的水域面积。

3.8.13

养殖水体 enclosure volume

养殖容积 enclosure volume

围栏框架外侧边或围栏外框与网具系统等所围成,用于养殖鱼类及其他水生生物的水域体积。

3.9

养殖工作船 farming workboats

用于饵料投喂、围栏维护、鱼类起捕等养殖工作的船舶。

3.9.1

饲料驳船 feed barges

用于饵料投喂工作的驳船。

4 分类与标记

4.1 分类

4.1.1 按照养殖水域分类

按照围栏养殖水域不同分类为:

a) 普通海水围栏(标记代码 TME);

b） 深水围栏(标记代码 DWE)；
c） 深远海围栏(标记代码 DSE)；
d） 港湾围栏(标记代码 HBE)；
e） 其他养殖水域围栏(标记代码 OAWE)。

4.1.2 按照作业方式分类

按照围栏作业方式不同分类为：

a） 柱桩式围栏(标记代码 PIE)；
b） 堤坝式围栏(标记代码 DTE)；
c） 浮绳式围栏(标记代码 FRE)；
d） 固定式围栏(标记代码 FE)；
e） 移动式围栏(标记代码 ME)；
f） 平台式围栏(标记代码 PLE)；
g） 休闲渔业式围栏(标记代码 RFE)；
h） 其他作业方式围栏(标记代码 OOME)。

4.1.3 按照其他结构特征分类

4.1.3.1 按照框架形状分类

按照围栏框架形状不同分类为：

a） 方形围栏(标记代码 STE)；
b） 圆形围栏(标记代码 CSE)；
c） 双圆周形围栏(标记代码 DCTE)；
d） 船形围栏(标记代码 BSTE)；
e） 八角形围栏(标记代码 OTE)；
f） 三角形围栏(标记代码 TTE)；
g） 日字形围栏(标记代码 DLTE)；
h） 田字形围栏(标记代码 FLTE)；
i） 多边形围栏(标记代码 PTE)；
j） 其他形状围栏(标记代码 OSTE)。

4.1.3.2 按照桩基材质分类

具有桩基的围栏，按照围栏桩基材质不同分类为：

a） 钢管桩围栏(标记代码 SPE)；
b） 混凝土桩围栏(标记代码 CPE)；
c） 毛竹竿围栏(标记代码 BPE)；
d） 玻璃钢杆围栏(标记代码 FRPPE)；
e） 其他材质桩基围栏(标记代码 OMPFE)。

4.1.3.3 按照框架材质分类

按照围栏框架材质不同分类为：

a） 金属框架围栏(标记代码 MFE)；
b） 混凝土框架围栏(标记代码 CFE)；
c） 浮绳式围栏(标记代码 FRFE)；
d） 高密度聚乙烯框架围栏(标记代码 HDPEFE)；
e） 其他材质框架围栏(标记代码 OMFE)。

4.1.3.4 按照网具用主要网衣材料分类

按照围栏网具用主要网衣材料不同分类为：

a） 超高分子量聚乙烯网衣围栏(标记代码 UHMWPEE)；

b) PET 网衣围栏或半刚性聚对苯二甲酸二乙酯单丝网衣围栏(标记代码 PETME);
c) 铜合金网衣围栏(标记代码 CAE);
d) 组合式网衣围栏(标记代码 CTE);
e) 金属网衣围栏(标记代码 MNE);
f) 合成纤维网衣围栏(标记代码 SNE);
g) 普通网衣围栏(标记代码 CNE);
h) 高性能网衣围栏(标记代码 HPNE);
i) 功能性网衣围栏(标记代码 FNE);
j) 其他网衣围栏(标记代码 ONE)。

4.2 标记

4.2.1 完整标记

海水养殖围栏完整标记包含下列内容:
a) 围栏养殖水域:按 4.1.1 条中的标记代码表示;
b) 围栏作业方式:按 4.1.2 条中的标记代码表示;
c) 围栏其他特征:框架形状、桩基材质、框架材质和网具用主要网衣材料分别按 4.1.3 条中的标记代码表示;
d) 围栏规格:以围栏周长(单位为 m)×围栏高度(单位为 m)、围栏养殖面积(单位为 m^2)或围栏养殖水体(单位为 m^3)表示;
e) 本文件编号。

海水养殖围栏的完整标记按下列方式表示:

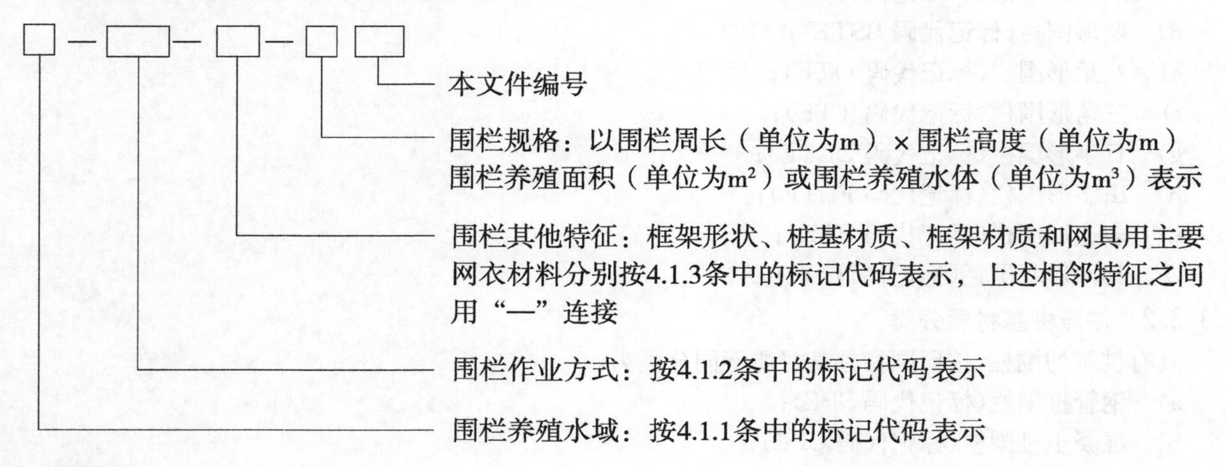

示例 1:

> 设置于深远海、刚性金属框架形状为双圆周形、网具用主要网衣材料为 PET 网衣、养殖鱼类为大黄鱼、养殖面积为 10 000 m^2 的柱桩式钢管桩围栏完整标记为:
> DSE-PIE-DCTE-SPE-MFE-PETME-10 000 m^2 SC/T 4018

示例 2:

> 设置于深水、刚性金属框架形状为船形、网具用主要网衣材料为超高分子量聚乙烯网衣、养殖鱼类为卵形鲳鲹、周长 386 m×高度 9 m 的固定式钢管桩围栏完整标记为:
> DWE-FE-BSTE-SPE-MFE-UHMWPEE-386 m×9 m SC/T 4018

4.2.2 简便标记

海水养殖围栏简便标记包含下列内容:
a) 围栏养殖水域:按 4.1.1 条中的标记代码表示;

b) 围栏作业方式：按 4.1.2 条中的标记代码表示。

海水养殖围栏的简便标记按下列方式表示：

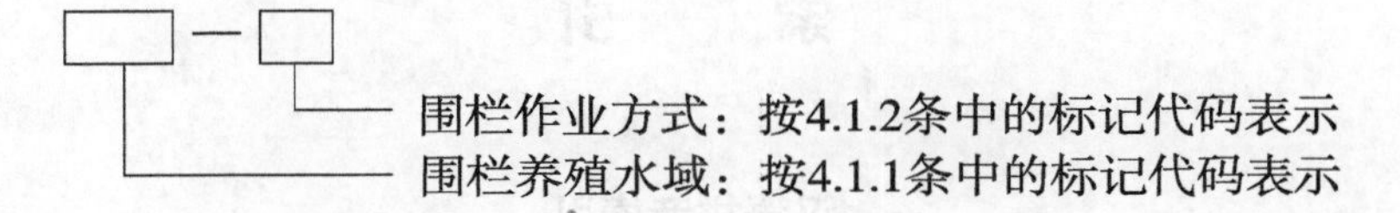

示例 3：

设置于深远海、刚性金属框架形状为双圆周形、网具用主要网衣材料为 PET 网衣、养殖鱼类为大黄鱼、养殖面积为 10 000 m^2 的柱桩式钢管桩围栏简便标记为：

DSE-PIE

示例 4：

设置于深水、刚性金属框架形状为船形、网具用主要网衣材料为超高分子量聚乙烯网衣、养殖鱼类为卵形鲳鲹、周长 386 m×高度 9 m 的固定式钢管桩围栏的简便标记为：

DWE-FE

索　引

汉语拼音索引

C

侧纲…… 3.3.2.7
沉纲…… 3.3.2.2
沉子纲…… 3.3.2.2
传统近岸围栏…… 3.8.6

D

堤坝式围栏…… 3.8.2
堤坝式围栏框架系统…… 3.4.2

F

防逃系统…… 3.6
浮纲…… 3.3.2.1
浮绳…… 3.3.2.1
浮绳式围栏…… 3.8.3
浮绳式围网…… 3.8.3
浮绳式围网框架系统…… 3.4.3
扶手管…… 3.2.6

G

纲索…… 3.3.2
港湾围栏…… 3.8.9
固定式围栏…… 3.8.4

H

护栏…… 3.2.5

K

框架…… 3.2
框架系统…… 3.4

L

离岸养殖围栏…… 3.8.7
力纲…… 3.3.2.6
立柱…… 3.2.4

P

普通海水围栏…… 3.8.6

S

上纲……………………………………………………………………………… 3.3.2.3
深水围栏……………………………………………………………………………… 3.8.7
深远海围栏……………………………………………………………………………… 3.8.8
饲料驳船……………………………………………………………………………… 3.9.1

W

网具……………………………………………………………………………… 3.3
网具系统……………………………………………………………………………… 3.5
网片……………………………………………………………………………… 3.3.1
网围……………………………………………………………………………… 3.8
网线……………………………………………………………………………… 3.3.3
网衣……………………………………………………………………………… 3.3.1
围栏……………………………………………………………………………… 3.8
围栏高度 ……………………………………………………………………………… 3.8.11
围栏平台……………………………………………………………………………… 3.7
围栏养殖……………………………………………………………………………… 3.1
围栏周长……………………………………………………………………………… 3.8.10
围网养殖……………………………………………………………………………… 3.1

X

下纲……………………………………………………………………………… 3.3.2.4

Y

养殖工作船……………………………………………………………………………… 3.9
养殖面积 ……………………………………………………………………………… 3.8.12
养殖容积 ……………………………………………………………………………… 3.8.13
养殖水体 ……………………………………………………………………………… 3.8.13
移动式围栏……………………………………………………………………………… 3.8.5
缘纲……………………………………………………………………………… 3.3.2.5

Z

柱桩式围栏……………………………………………………………………………… 3.8.1
柱桩式围栏框架系统……………………………………………………………………………… 3.4.1
桩基……………………………………………………………………………… 3.2.1
桩基系统……………………………………………………………………………… 3.2.2
走道……………………………………………………………………………… 3.2.3

英文对应词索引

A

aisle of enclosure ······ 3.2.3

B

belly line ······ 3.3.2.6

C

cable ······ 3.3.2
coastal enclosure ······ 3.8.6
column ······ 3.2.4

D

deep-sea enclosure ······ 3.8.8
deep-water enclosure ······ 3.8.7

E

enclosure ······ 3.8
enclosure aquaculture ······ 3.1
enclosure area ······ 3.8.12
enclosure circumference ······ 3.8.10
enclosure height ······ 3.8.11
enclosure volume ······ 3.8.13
escape prevention system ······ 3.6

F

farming workboats ······ 3.9
feed barges ······ 3.9.1
fence aquaculture ······ 3.1
fishing twine ······ 3.3.3
fixed enclosure ······ 3.8.4
fixed fence ······ 3.8.4
float line ······ 3.3.2.1
floating line ······ 3.3.2.1
floating line enclosure ······ 3.8.3
floating line net pen ······ 3.8.3
foot line ······ 3.3.2.4
frame ······ 3.2
frame system ······ 3.4
frame system for floating line enclosure ······ 3.4.3
frame system for pile enclosure ······ 3.4.1
frame system for weir enclosure ······ 3.4.2

G

ground rope ······ 3. 3. 2. 2

H

handrail pipe of enclosure ······ 3. 2. 6
harbor enclosure ······ 3. 8. 9
head line ······ 3. 3. 2. 3
high-sea enclosure ······ 3. 8. 8

L

last ridge line ······ 3. 3. 2. 6
lead line ······ 3. 3. 2. 2
line ······ 3. 3. 2

M

mobile enclosure ······ 3. 8. 5
mobilefence ······ 3. 8. 5

N

net enclosure ······ 3. 8
net enclosure aquaculture ······ 3. 1
net pen ······ 3. 8
net pen aquaculture ······ 3. 1
netting ······ 3. 3. 1
netting gear ······ 3. 3
netting gear system ······ 3. 5
netting twine ······ 3. 3. 3

O

offshore enclosure ······ 3. 8. 7

P

peripheral line ······ 3. 3. 2. 5
pile enclosure ······ 3. 8. 1
pile fence ······ 3. 8. 1
pile foundation ······ 3. 2. 1
pile foundation system ······ 3. 2. 2
platform of enclosure ······ 3. 7

R

rail ······ 3. 2. 5
rope ······ 3. 3. 2

S

side rope ······ 3. 3. 2. 7

T

traditional enclosure ………………………………………………………………………… 3.8.6
traditional maricultural enclosure ……………………………………………………………… 3.8.6

W

weir enclosure ……………………………………………………………………………… 3.8.2
weir fence …………………………………………………………………………………… 3.8.2

ICS 65.150
CCS B 56

中华人民共和国水产行业标准

SC/T 4033—2023

超高分子量聚乙烯钓线通用技术规范

General specification for ultra high molecular weight polyethylene fishing line

2023-12-22 发布　　　　2024-05-01 实施

中华人民共和国农业农村部　发布

前　言

本文件按照 GB/T 1.1—2020《标准化工作导则　第1部分：标准化文件的结构和起草规则》的规定起草。

请注意本文件的某些内容可能涉及专利。本文件的发布机构不承担识别专利的责任。

本文件由全国水产标准化技术委员会渔具及渔具材料分技术委员会(SAC/TC 156/SC 4)归口。

本文件起草单位：中国水产科学研究院东海水产研究所、扬州兴轮绳缆有限公司、浙江千禧龙纤特种纤维股份有限公司、南通中余渔具有限公司、深量技术服务(江苏)有限公司、盐城神力制绳有限公司、北京同益中新材料科技股份有限公司、山东环球渔具股份有限公司、东阳市康乐渔具有限公司、郑州中远防务材料有限公司、中国水产有限公司、杭州长翼纺织机械有限公司、东阳市三立钓具厂、农业农村部绳索网具产品质量监督检验测试中心。

本文件主要起草人：石建高、姚湘江、曹宸睿、陈宏、谢程兰、余燕飞、赵南俊、张文阳、马军营、王世东、姬长干、陈晓雪、楼建锦、傅岳琴、赵绍德、周浩、肖进、许立兵、祁学勤、曹文英。

超高分子量聚乙烯钓线通用技术规范

1 范围

本文件界定了超高分子量聚乙烯钓线的术语和定义，给出了完整标记和简便标记方法，规定了外观质量及物理性能要求，描述了对应的试验方法、检验规则，同时规定了标志、包装、运输和储存的有关要求。

本文件适用于公称直径小于1.00 mm的4股、8股、9股超高分子量聚乙烯钓线的生产、贸易、检验、管理、监督和技术交流。

2 规范性引用文件

下列文件中的内容通过文中的规范性引用而构成本文件必不可少的条款。其中，注日期的引用文件，仅该日期对应的版本适用于本文件；不注日期的引用文件，其最新版本（包括所有的修改单）适用于本文件。

GB/T 6965 渔具材料试验基本条件 预加张力

SC/T 4022 渔网 网线断裂强力和结节断裂强力的测定

SC/T 4023 渔网 网线伸长率的测定

SC/T 4039—2018 合成纤维渔网线试验方法

SC/T 5001 渔具材料基本术语

SC/T 5014 渔具材料试验基本条件 标准大气

3 术语和定义

SC/T 5001界定的以及下列术语和定义适用本文件。

3.1

超高分子量聚乙烯钓线 ultra high molecular weight polyethylene fishing line；UHMWPE fishing line

以超高分子量聚乙烯纤维编织而成的钓线。

3.2

起毛线 disfigure twine

表面由于摩擦或其他原因引起结构破坏松散、表面粗糙的钓线。

3.3

油污线 dirty twine

沾有油、污、色、锈等斑渍的钓线。

3.4

多纱少纱线 uneven twine

线股中出现多余或缺少单纱根数的钓线。

3.5

综合线密度（ρ_z） resultant linear density

钓线的线密度。

［来源：SC/T 5001—2014，2.7.4，有修改］

3.6

断裂强力 strength；breaking load；breaking force；maximum force

材料被拉伸至断裂时所能承受的最大负荷。

注：断裂强力亦称强力，单位一般以N表示。

［来源：SC/T 4039—2018，3.2］

3.7

单线结强力　overhand knot strength

钓线打单线结后，在打结处的断裂强力。

［来源：SC/T 4039—2018，3.7，有修改］

3.8

断裂伸长率　percentage of breaking elongation；elongation at break

钓线被拉伸到断裂时所产生的伸长值对其原长度的百分数。

［来源：SC/T 4039—2018，3.8，有修改］

4　标记

4.1　完整标记

完整标记应标注材料名称、规格和执行标准文件号，按下列方式表示：

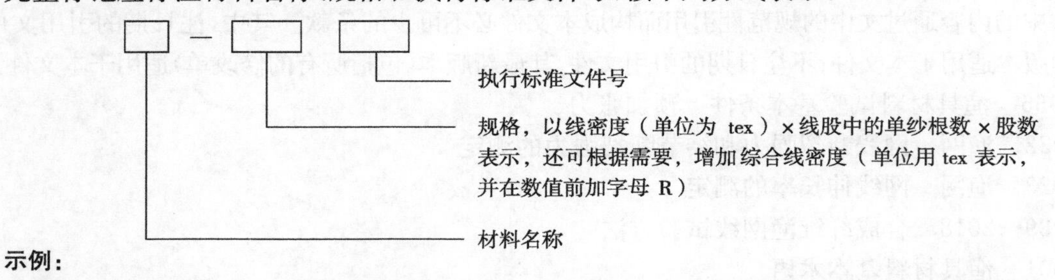

示例：

按 SC/T 4033《超高分子量聚乙烯钓线通用技术规范》生产，以 1 根线密度为 33.3 tex 的 UHMWPE 纤维加工成线股，再以此线股编织而成的综合线密度为 143 tex 的 4 股超高分子量聚乙烯钓线产品完整标记为：

UHMWPE—33.3 tex×1×4　SC/T 4033

UHMWPE—33.3 tex×1×4　R143 tex　SC/T 4033

4.2　简便标记

简便标记应标注材料名称、规格，按下列方式表示：

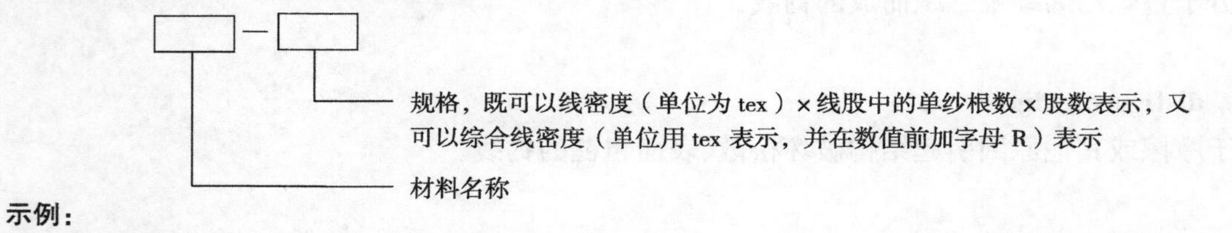

示例：

按 SC/T 4033《超高分子量聚乙烯钓线通用技术规范》生产，以 1 根线密度为 33.3 tex 的 UHMWPE 纤维加工成线股，再以此线股编织而成的综合线密度为 143 tex 的 4 股超高分子量聚乙烯钓线产品简便标记为：

UHMWPE—33.3 tex×1×4

或 UHMWPE—R143 tex

5　要求

5.1　外观质量

每筒（轴、卷、绞）超高分子量聚乙烯钓线外观质量应符合表 1 的要求。

表 1　外观质量

项　目	要　求
起毛线	≤8.0 cm
油污线	≤10 m/筒（轴、卷、绞）
多纱少纱线	不允许

5.2 物理性能

4 股、8 股和 9 股超高分子量聚乙烯钓线应分别符合表 2、表 3、表 4 的规定。

表 2 4 股超高分子量聚乙烯钓线物理性能

序号	规格	公称直径 mm	综合线密度 tex	断裂强力 N	单线结强力 N	断裂伸长率 %
1	2.22 tex×1×4	0.15	9.00	≥28.0	≥11.4	3～10
2	3.33 tex×1×4	0.17	14.0	≥42.0	≥17.1	3～10
3	4.44 tex×1×4	0.19	20.0	≥56.0	≥22.8	3～10
4	5.56 tex×1×4	0.25	23.0	≥70.0	≥28.5	3～10
5	8.33 tex×1×4	0.26	37.0	≥77.3	≥30.0	3～10
6	11.1 tex×1×4	0.30	44.0	≥103	≥40.0	3～10
7	13.9 tex×1×4	0.31	50.0	≥113	≥47.5	3～10
8	16.7 tex×1×4	0.36	78.0	≥135	≥57.0	3～10
9	19.4 tex×1×4	0.43	89.0	≥158	≥66.5	3～10
10	22.2 tex×1×4	0.45	107	≥180	≥76.0	3～10
11	25.0 tex×1×4	0.46	110	≥203	≥85.5	3～10
12	27.8 tex×1×4	0.48	123	≥225	≥95.0	3～10
13	33.3 tex×1×4	0.56	143	≥255	≥111	3～10
14	44.4 tex×1×4	0.60	193	≥340	≥148	3～10
15	55.6 tex×1×4	0.64	229	≥425	≥185	3～10
偏差范围	—	—	±10%	—	—	—

表 3 8 股超高分子量聚乙烯钓线物理性能

序号	规格	公称直径 mm	综合线密度 tex	断裂强力 N	单线结强力 N	断裂伸长率 %
1	2.22 tex×1×8	0.22	19.0	≥56.0	≥20.2	3～10
2	2.78 tex×1×8	0.23	23.0	≥70.0	≥25.3	3～10
3	3.33 tex×1×8	0.24	28.0	≥84.0	≥30.3	3～10
4	4.44 tex×1×8	0.25	39.0	≥100	≥38.6	3～10
5	5.56 tex×1×8	0.29	46.0	≥103	≥40.0	3～10
6	8.33 tex×1×8	0.43	72.0	≥155	≥60.0	3～10
7	11.1 tex×1×8	0.40	81.0	≥206	≥80.0	3～10
8	13.9 tex×1×8	0.42	112	≥225	≥95.0	3～10
9	16.7 tex×1×8	0.50	155	≥270	≥114	3～10
10	19.4 tex×1×8	0.56	178	≥315	≥133	3～10
11	22.2 tex×1×8	0.58	196	≥360	≥152	3～10
12	25.0 tex×1×8	0.59	198	≥405	≥171	3～10
13	27.8 tex×1×8	0.65	270	≥450	≥190	3～10
14	33.3 tex×1×8	0.69	280	≥540	≥210	3～10
15	44.4 tex×1×8	0.89	399	≥696	≥280	3～10
16	55.6 tex×1×8	0.90	481	≥800	≥350	3～10
偏差范围	—	—	±10%	—	—	—

表 4 9 股超高分子量聚乙烯钓线物理性能

序号	规格	公称直径 mm	综合线密度 tex	断裂强力 N	单线结强力 N	断裂伸长率 %
1	2.22 tex×1×9	0.26	21.0	≥60.0	≥22.0	3～10
2	3.33 tex×1×9	0.30	33.0	≥90.0	≥33.0	3～10
3	4.44 tex×1×9	0.31	42.0	≥116	≥44.0	3～10
4	5.56 tex×1×9	0.36	57.0	≥120	≥45.0	3～10

表4（续）

序号	规格	公称直径 mm	综合线密度 tex	断裂强力 N	单线结强力 N	断裂伸长率 %
5	8.33 tex×1×9	0.40	83.0	≥174	≥67.5	3～10
6	11.1 tex×1×9	0.52	121	≥232	≥90.0	3～10
7	13.9 tex×1×9	0.56	143	≥254	≥108	3～10
8	16.7 tex×1×9	0.62	172	≥305	≥129	3～10
9	19.4 tex×1×9	0.65	204	≥355	≥151	3～10
10	22.2 tex×1×9	0.66	232	≥406	≥172	3～10
11	27.8 tex×1×9	0.72	278	≥508	≥215	3～10
12	33.3 tex×1×9	0.77	320	≥609	≥258	3～10
13	44.4 tex×1×9	0.90	447	≥784	≥316	3～10
14	55.6 tex×1×9	1.00	548	≥900	≥395	3～10
偏差范围	—	—	±10%	—	—	—

6 试验方法

6.1 外观质量

在自然光或实验室白色灯光下逐筒(轴、卷、绞)进行检验。

6.2 物理性能

6.2.1 试验条件

6.2.1.1 调节和试验用大气

应符合SC/T 5014的规定。

6.2.1.2 预加张力

应符合GB/T 6965的规定。

6.2.2 公称直径测定

按SC/T 4039—2018中5.2的方法测定。

6.2.3 综合线密度测定

按SC/T 4039—2018中5.3的方法测定(结果保留3位有效数)。

6.2.4 断裂强力、断裂伸长率和单线结强力测定

6.2.4.1 断裂强力测定

按SC/T 4022的方法测定(结果保留3位有效数)。

6.2.4.2 断裂伸长率测定

按SC/T 4023的方法测定(结果保留整数)。

6.2.4.3 单线结强力测定

按SC/T 4039—2018中5.5.5的方法测定(结果保留3位有效数)。

6.2.5 试验次数

按表5的规定执行。

表5 样品试验次数

项目	公称直径[a]	综合线密度	断裂强力	单线结强力	断裂伸长率
每批样品数	10	10	10	10	10
单位样品测试次数	1	1	3	3	3
总次数	10	10	30	30	30

[a] 公称直径为近似直径,单位用mm表示。

7 检验规则

7.1 组批和抽样

7.1.1 相同工艺制造的同一原料、同一规格的钓线产品为一批,日产量超过1 t的以1 t为一批,不足1 t时以当日产量为一批。

7.1.2 每批产品随机抽样10筒(轴、卷、绞)。

7.2 检验规则

7.2.1 出厂检验

7.2.1.1 每批产品需经检验部门检验合格并附有合格证明或检验报告后方可出厂。

7.2.1.2 出厂检验项目为本文件第5章中的综合线密度、断裂强力和单线结强力。

7.2.2 型式检验

7.2.2.1 型式检验每年至少进行一次,有下列情况之一时应进行型式检验:

a) 长期停产后重新生产时;

b) 新产品试制、定型鉴定或老产品转厂生产时;

c) 原材料或生产工艺有重大改变,可能影响产品性能时;

d) 用户或产品质量管理部门提出型式检验要求时。

7.2.2.2 型式检验项目为本文件第5章中的全部项目。

7.3 判定规则

7.3.1 先对10筒(轴、卷、绞)样品分别进行判定,若样品的外观质量和物理要求均符合第5章的要求,则判该筒(轴、卷、绞)样品为合格;若样品的外观质量和物理要求不符合第5章的要求,则判该筒(轴、卷、绞)样品为不合格。

7.3.2 每批产品的判定规则如下:

a) 所检样品全部合格时,则判该批产品为合格;

b) 所检样品中有3筒(轴、卷、绞)以上样品(含)不合格时,则判该批产品为不合格;

c) 所检样品中有3筒(轴、卷、绞)以下样品不合格时,允许按原抽样规则重新抽样复检,复检结果仍有不合格样品时,则判该批产品不合格。

8 标志、包装、运输和储存

8.1 标志

产品应附有合格证,合格证应标明产品名称、规格、执行标准、生产日期或批号、净重量、检验标志、生产企业联系电话、生产企业名称和地址。

8.2 包装

每袋(箱、包、盒、托盘)应是同规格、同颜色产品,每袋(箱、包、盒、托盘)净重量以20 kg～30 kg为宜。产品可采用纸箱、布包、纸盒、塑料筐或编织袋等进行包装,确保产品在运输与储存中不受损伤。

8.3 运输

产品在运输和装卸过程中,切勿拖曳、钩挂和猛烈撞击,避免损坏包装和产品。

8.4 储存

产品应储存在远离热源、清洁干燥、无阳光直射、无化学品污染的库房内。产品储存期为1年(从生产日起)。超过1年,必须经复验合格后,方可出厂。

ICS 65.150
CCS B 56

中华人民共和国水产行业标准

SC/T 5005—2023

代替 SC/T 5005—2014

渔用聚乙烯单丝及超高分子量聚乙烯纤维

Polyethylene monofilament for fisheries and ultra-high molecular weight polyethylene fiber for fisheries

2023-12-22 发布 2024-05-01 实施

中华人民共和国农业农村部 发布

前　言

本文件按照 GB/T 1.1—2020《标准化工作导则　第1部分：标准化文件的结构和起草规则》的规定起草。

本文件代替 SC/T 5005—2014《渔用聚乙烯单丝》，与 SC/T 5005—2014 相比，除结构调整和编辑性改动外，主要技术变化如下：

a）更改了标记（见第4章，2014年版的第4章）；

b）更改了要求指标（见第5章，2014年版的第5章）；

c）增加了渔用超高分子量聚乙烯纤维的要求（见 5.1、5.2）；

d）增加了渔用超高分子量聚乙烯纤维的试验方法（见 6.1、6.2）。

请注意本文件的某些内容可能涉及专利。本文件的发布机构不承担识别专利的责任。

本文件由农业农村部渔业渔政管理局提出。

本文件由全国水产标准化技术委员会渔具及渔具材料分技术委员会（SAC/TC 156/SC 4）归口。

本文件起草单位：中国水产科学研究院东海水产研究所、扬州聚力特种绳网有限公司、南通中余渔具有限公司、深量海工装备（江苏）有限公司、盐城神力制绳有限公司、扬州兴轮海洋科技有限公司、江苏九九久科技有限公司、郑州中远防务材料有限公司、北京同益中新材料科技股份有限公司、中国石化燃料油销售有限公司上海分公司、上海海洋大学、桂林新先立抗菌材料有限公司、江苏金枪网业有限公司、陕西库博考尔金属材料有限公司、农业农村部绳索网具产品质量监督检验测试中心。

本文件主要起草人：石建高、王玉山、王世东、张健、周新基、姬长干、林风崎、彭焕岭、周卉、赵绍德、曹宸睿、从桂懋、刘及响、朱文哲、曹文英。

本文件及其所代替文件的历次版本发布情况为：

——1988年首次发布为 SC 5005—1988，2014年第一次修订为 SC/T 5005—2014；

——本次为第二次修订。

渔用聚乙烯单丝及超高分子量聚乙烯纤维

1 范围

本文件界定了渔用聚乙烯单丝及超高分子量聚乙烯纤维的术语和定义，给出了完整标记和简便标记方法，规定了外观质量及物理性能要求，描述了对应的试验方法、检验规则，同时规定了标志、包装、运输与储存的有关要求。

本文件适用于渔用聚乙烯单丝及超高分子量聚乙烯纤维的生产、贸易、检验、管理、监督和技术交流。

2 规范性引用文件

下列文件中的内容通过文中的规范性引用而构成本文件必不可少的条款。其中，注日期的引用文件，仅该日期对应的版本适用于本文件；不注日期的引用文件，其最新版本（包括所有的修改单）适用于本文件。

GB/T 6965 渔具材料试验基本条件 预加张力

GB/T 14343 化学纤维 长丝线密度试验方法

GB/T 14344 化学纤维 长丝拉伸性能试验方法

SC/T 5001 渔具材料基本术语

SC/T 5014 渔具材料试验基本条件 标准大气

3 术语和定义

SC/T 5001 界定的以及下列术语和定义适用本文件。

3.1

未牵伸丝 undrawn filament

纺丝过程中牵伸不足的单丝或复丝纤维。

3.2

压痕丝 compressed filament

纺丝过程中受压变形的单丝或复丝纤维。

[来源：SC/T 5001—2014，2.56.2，有修改]

3.3

硬伤丝 damaged filament

表面严重损伤的单丝或复丝纤维。

[来源：SC/T 5001—2014，2.56.3，有修改]

3.4

单体丝 monomer filament

表面有白色粉末析出的单丝或复丝纤维。

[来源：SC/T 5001—2014，2.56.4，有修改]

3.5

聚乙烯单丝 polyethylene monofilament；PE monofilament

以聚乙烯为原料制成的一根长丝。

3.6

超高分子量聚乙烯纤维 ultra high molecular weight polyethylene fiber；UHMWPE fiber

由相对分子量在 100 万～500 万的聚乙烯所纺出的纤维。

注：超高分子量聚乙烯纤维又称高强高模聚乙烯纤维。超高分子量聚乙烯纤维一般为复丝、长丝和单丝。

[来源:SC/T 5001—2014,2.4.6,有修改]

4 标记

4.1 完整标记

4.1.1 聚乙烯单丝

完整标记应标注材料名称、规格和执行标准文件号,按下列方式表示:

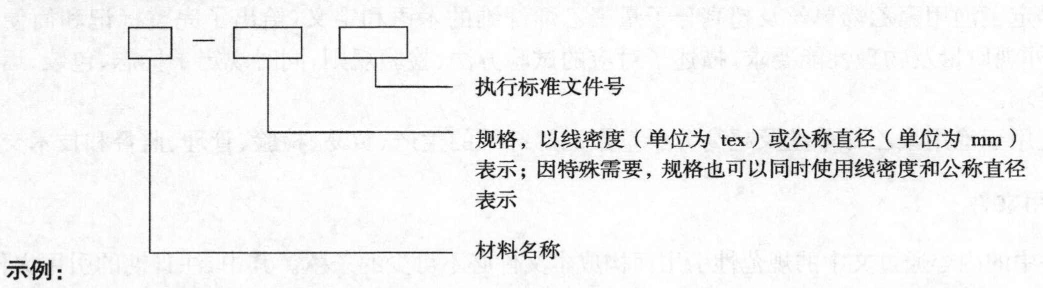

示例:

按 SC/T 5005《渔用聚乙烯单丝及超高分子量聚乙烯纤维》生产的线密度为 36 tex、公称直径为 0.20 mm 的聚乙烯单丝产品完整标记为:

PE—36 tex　SC/T 5005

或 PE—Φ 0.20　SC/T 5005

或 PE— ρ_x 36　SC/T 5005

或 PE—Φ 0.20　ρ_x 36　SC/T 5005

4.1.2 超高分子量聚乙烯纤维

完整标记应标注材料名称、断裂强度型号、规格和执行标准文件号,按下列方式表示:

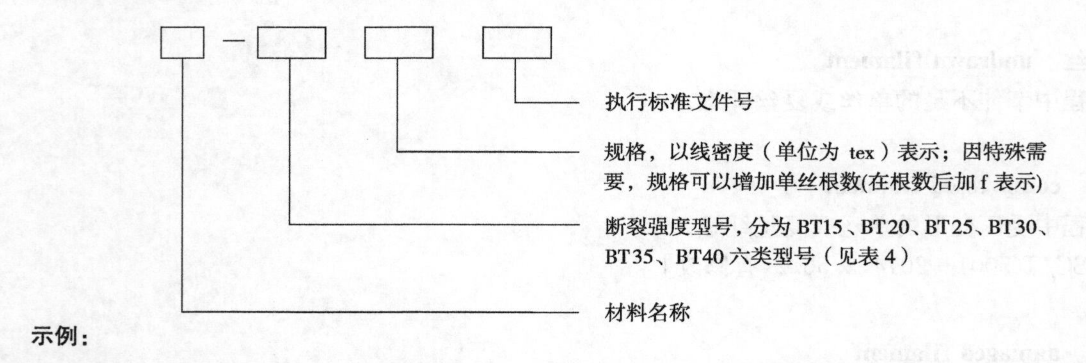

示例:

按 SC/T 5005《渔用聚乙烯单丝》生产的断裂强度为 30 cN/dtex 以上,线密度为 174 tex(纤维中的单丝根数为 380)的超高分子量聚乙烯纤维产品完整标记为:

UHMWPE—BT30—174 tex　SC/T 5005

或 UHMWPE—BT30—174 tex　SC/T 5005

或 UHMWPE—BT30—174 tex/380f　SC/T 5005

4.2 简便标记

4.2.1 聚乙烯单丝

简便标记应标注材料名称和规格,按下列方式表示:

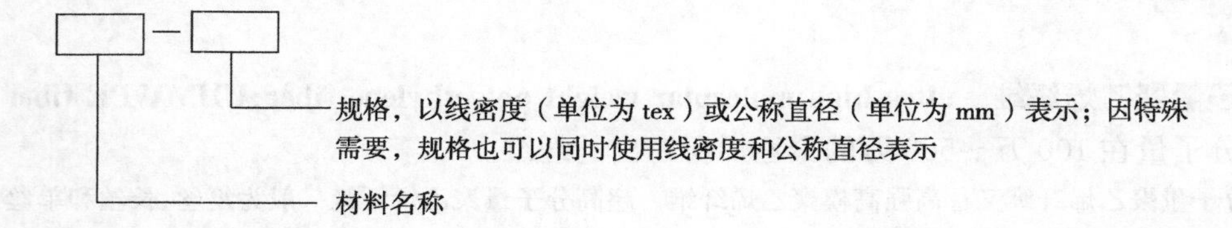

示例：

按 SC/T 5005《渔用聚乙烯单丝及超高分子量聚乙烯纤维》生产的线密度为 36 tex、公称直径为 0.20 mm 的渔用聚乙烯单丝产品简便标记为：

PE—36 tex

或 PE—Φ 0.20

或 PE—ρ_x 36

或 PE—Φ 0.20　ρ_x 36

4.2.2 超高分子量聚乙烯纤维

简便标记应标注材料名称和规格，按下列方式表示：

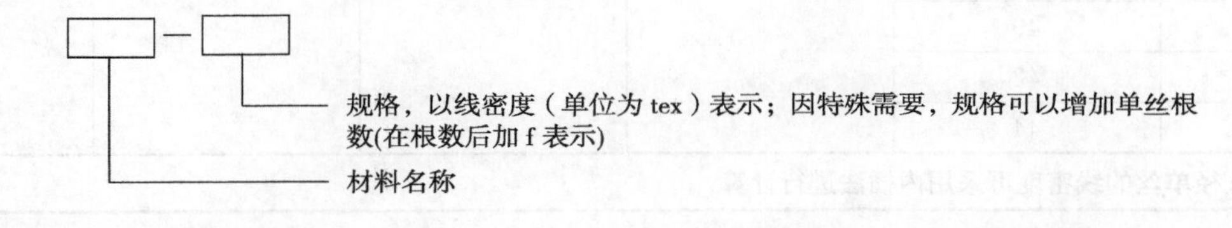

示例：

按 SC/T 5005《渔用聚乙烯单丝及超高分子量聚乙烯纤维》生产的断裂强度为 30 cN/d tex 以上，线密度为 174 tex(纤维中的单丝根数为 380f)的渔用超高分子量聚乙烯纤维产品简便标记为：

UHMWPE—174 tex

或 UHMWPE—174 tex

或 UHMWPE—174 tex/380f

5 要求

5.1 外观质量

聚乙烯单丝与超高分子量聚乙烯纤维的外观质量指标应分别符合表 1、表 2 的要求。

表 1　聚乙烯单丝外观要求

项　目	要　求
未牵伸丝	不允许
压痕丝	无明显压痕
硬伤丝	不允许
单体丝	不允许

表 2　超高分子量聚乙烯纤维外观要求

项　目	要　求
结头	≤5 个/10^4 m
毛丝	≤10 个/10^4 m
表面油污	≤10 m/筒(轴、卷、绞)

5.2 物理性能

聚乙烯单丝与超高分子量聚乙烯纤维的物理性能指标应分别符合表 3、表 4 的要求。

表 3 聚乙烯单丝物理性能指标

直径 mm	线密度[a]		断裂强度 cN/dtex	单线结强度 cN/dtex	断裂伸长率 %
	名义值 tex	允许偏差 %			
0.16	26	±10	≥5.25	≥3.55	10～28
0.17	28				
0.18	31				
0.19	33				
0.20	36				
0.21	38				
0.22	40				
0.23	42				
0.24	44				
[a] 其他直径单丝的线密度可采用内插法进行计算。					

表 4 超高分子量聚乙烯纤维物理性能指标

型号	线密度允许偏差率 %	断裂强度(F_t) cN/dtex	单线结强度 cN/dtex	断裂伸长率 %
BT15	±6	15.00≤F_t<20.00	≥6.00	≤6
BT20		20.00≤F_t<25.00	≥7.80	
BT25		25.00≤F_t<30.00	≥9.50	
BT30		30.00≤F_t<35.00	≥11.10	
BT35		35.00≤F_t<40.00	≥12.60	
BT40		F_t≥40.00	≥14.00	

6 试验方法

6.1 外观质量

可采用正常光照、移动光源、固定光源、分级台或天平进行外观质量检验。

6.2 物理性能

6.2.1 试验条件

6.2.1.1 调节和试验用大气

应符合 SC/T 5014 的规定。

6.2.1.2 预加张力

应符合 GB/T 6965 的规定。

6.2.2 线密度测定

6.2.2.1 聚乙烯单丝

预加张力下在测长仪上量取 1 m 长聚乙烯单丝试样 20 根，称取质量(精确至 0.001 g)，其值的 50 倍(1 000 m 纤维试样的质量)，即为该规格聚乙烯单丝的线密度，单位为特克斯(tex)。聚乙烯单丝线密度按公式(1)计算，线密度偏差率按公式(2)计算(结果保留整数)。

$$\rho_x = W \times 50 \qquad (1)$$

式中：

ρ_x ——线密度测定值的数值，单位为特克斯(tex)；

W ——预加张力下所测得 1 m 长单丝试样 20 根的质量的数值，单位克(g)。

$$D_d = \frac{\rho_x - \rho_m}{\rho_m} \times 100 \qquad (2)$$

式中：

D_d ——线密度偏差率的数值，单位为百分号(%)；

ρ_x ——线密度测定值的数值，单位为特克斯(tex)；

ρ_m ——线密度名义值的数值，单位为特克斯(tex)。

6.2.2.2 超高分子量聚乙烯纤维

按 GB/T 14343 给出的方法测定。按公式(2)计算超高分子量聚乙烯纤维线密度偏差率(结果保留整数)。

6.2.3 断裂强度与断裂伸长率测定

6.2.3.1 聚乙烯单丝

将试样逐根置于材料拉力试验机两夹具间，记下试样拉伸断裂时的断裂强力和最大伸长长度[根据试样夹具和试验断裂时的最大伸长长度来调节拉伸速度，以使试样拉伸时的平均断裂时间为(20±3)s]，每个试样测试 10 次，分别计算试样的断裂强力和最大伸长长度算术平均值(试样在夹头处断裂或在夹具中滑移的测试值无效)。断裂强度按公式(3)计算(结果保留 2 位小数)，断裂伸长率按公式(4)计算(结果保留整数)。

$$F_t = \overline{F_d} / (10 \times \rho_x) \qquad (3)$$

式中：

F_t ——断裂强度的数值，单位为厘牛每分特克斯(cN/dtex)；

$\overline{F_d}$ ——断裂强力算术平均值的数值，单位为厘牛(cN)；

ρ_x ——线密度测定值的数值，单位为特克斯(tex)。

$$\varepsilon_d = \frac{\overline{L_1} - L_0}{L_0} \times 100 \qquad (4)$$

式中：

ε_d ——断裂伸长率的数值，单位为百分号(%)；

$\overline{L_1}$ ——最大伸长长度算术平均值的数值，单位为毫米(mm)；

L_0 ——试样夹距的数值，单位为毫米(mm)。

6.2.3.2 超高分子量聚乙烯纤维

按 GB/T 14344 给出的方法测定。

6.2.4 单线结强度测定

聚乙烯单丝与超高分子量聚乙烯纤维的单线结强度测定方法相同。单线结强度测定时，将试样逐根打单线结后置于材料拉力试验机两夹具间，记下试样拉伸断裂时的单线结强力[试样拉伸时的平均断裂时间为(20±3)s]，每个试样测试 10 次，计算试样的单线结强力算术平均值(试样在夹头处断裂或在夹具中滑移的测试值无效)；再按公式(5)计算试样的单线结强度(结果保留 2 位小数)。

$$F_{dxjt} = \overline{F_{dxj}} / \rho_x \qquad (5)$$

式中：

F_{dxjt} ——单线结强度的数值，单位为厘牛每分特克斯(cN/dtex)；

$\overline{F_{dxj}}$ ——单线结强力算术平均值的数值，单位为厘牛(cN)；

ρ_x ——线密度测定值的数值，单位为分特克斯(dtex)。

6.2.5 聚乙烯单丝直径测定

用精度为 0.01 mm 的千分尺测量，任测 3 点(两点间测距应大于 1 m)，取其算术平均值(精确至 0.01 mm)。

6.2.6 试验次数

每批试样线密度、断裂强度、断裂伸长率、单线结强度和直径试验次数应符合表 5 的规定。

表 5　试验次数

项目	线密度	断裂强度	断裂伸长率	单线结强度	直径[a]
筒(轴、卷、绞)数	10	10	10	10	10
每筒(轴、卷、绞)测试数	1	1	1	1	3
总次数	10	10	10	10	30
[a] 直径项目仅适用于聚乙烯单丝。					

7　检验规则

7.1　组批和抽样

7.1.1　相同工艺同一原料、规格的产品为一批，日产量超过 5 t 的以 5 t 为一批，不足 5 t 时以当日产量为一批。

7.1.2　每批产品随机抽样 10 筒(轴、卷、绞)。

7.2　检验规则

7.2.1　出厂检验

7.2.1.1　每批产品需经检验部门检验合格并附有合格证明或检验报告后方可出厂。

7.2.1.2　出厂检验项目为本文件第 5 章中的外观质量、断裂强度和单线结强度。

7.2.2　型式检验

7.2.2.1　型式检验每年至少进行一次，有下列情况之一时，应进行型式检验：

a)　长期停产后重新生产时；

b)　新产品试制、定型鉴定或老产品转厂生产时；

c)　原材料或生产工艺有重大改变，可能影响产品性能时；

d)　用户或产品质量管理部门提出型式检验要求时。

7.2.2.2　型式检验项目为本文件第 5 章中的全部项目。

7.3　判定规则

7.3.1　先对 10 筒(轴、卷、绞)样品分别进行判定，若样品的外观质量和物理要求均符合第 5 章的要求，则判该筒(轴、卷、绞)样品为合格；若样品的外观质量和物理要求不符合第 5 章的要求，则判该筒(轴、卷、绞)样品为不合格。

7.3.2　每批产品的判定规则如下：

a)　所检样品全部合格时，则判该批产品为合格；

b)　所检样品中有 3 筒(轴、卷、绞)以上样品(含)不合格时，则判该批产品为不合格；

c)　所检样品中有 3 筒(轴、卷、绞)以下样品不合格时，允许按原抽样规则重新抽样复检，复检结果仍有不合格样品时，则判该批产品不合格。

8　标志、包装、运输与储存

8.1　标志

产品应附有合格证，合格证应标明产品名称、产品标记、生产日期或批号、净重量及检验标志、生产企业名称、地址和联系电话。

8.2　包装

产品用袋(箱、包、盒、托盘)包装，每筒(轴、卷、绞)净质量小于等于 5 kg，绞装产品折径范围为 500 mm～1 000 mm。

8.3　运输

运输装卸过程中应轻装轻卸，切勿拖曳、钩挂和挤压，避免损坏包装和产品。

8.4 储存

产品应储存在远离热源、无阳光直射、清洁干燥的库房内。产品储存期(从生产日起)超过 1 年,应经复验合格后方可出厂。

ICS 65.150
CCS B 50

中华人民共和国水产行业标准

SC/T 6106—2023

鱼类养殖精准投饲系统通用技术要求

General technical requirements for fish culture precision feeding system

2023-04-11 发布

2023-08-01 实施

中华人民共和国农业农村部 发布

前　言

本文件按照GB/T 1.1—2020《标准化工作导则　第1部分：标准化文件的结构和起草规则》的规定起草。

请注意本文件的某些内容可能涉及专利。本文件的发布机构不承担识别专利的责任。

本文件由农业农村部渔业渔政管理局提出。

本文件由全国水产标准化技术委员会渔业机械仪器分技术委员会(SAC/TC 156/SC 6)归口。

本文件起草单位：中国水产科学研究院渔业机械仪器研究所、中国水产科学研究院、四川渔光物联技术有限公司、广州市诚一智慧渔业发展有限公司。

本文件主要起草人：唐荣、巩沐歌、黄一心、韩刚、饶勇、许鹏、刘晃、邓玉平。

鱼类养殖精准投饲系统通用技术要求

1 范围

本文件规定了鱼类养殖精准投饲系统的总体要求以及投饲设备、感知设备、通信网络、投饲管理平台、使用与维护等方面的通用技术要求。

本文件适用于池塘养殖、工厂化养殖、网箱养殖投饲系统的设计、建设和使用,其他养殖模式可参照执行。

2 规范性引用文件

下列文件中的内容通过文中的规范性引用而构成本文件必不可少的条款。其中,注日期的引用文件,仅该日期对应的版本适用于本文件;不注日期的引用文件,其最新版本(包括所有的修改单)适用于本文件。

GB/T 22239　信息安全技术　网络安全等级保护基本要求

SC/T 6023　投饲机

3 术语和定义

下列术语和定义适用于本文件。

3.1

池塘养殖　pond culture

利用池塘进行水生经济动植物养殖的生产方式。

[来源:GB/T 22213—2008,2.10]

3.2

工厂化养殖　industrial aquaculture

利用机械、生物、化学和自动化控制等技术装备起来的车间进行水生经济动植物养殖的生产方式。

[来源:GB/T 22213—2008,2.19]

3.3

网箱养殖　culture in net cage

利用网箱进行水生经济动植物养殖的生产方式。

[来源:GB/T 22213—2008,2.20]

3.4

养殖周期　culture cycle

从苗种饲养到商品规格所需的时间。

[来源:GB/T 22213—2008,2.23]

3.5

投饲量　feeding quantity

对水产养殖对象投放饲料的数量。

[来源:GB/T 22213—2008,6.17]

3.6

投饲率　feeding rate

投饲量占养殖水产对象总体重的百分率。

[来源:GB/T 22213—2008,6.18]

3.7

饲料系数　feed conversion rate

生产单位水产品所需的饲料数量。

[来源:GB/T 22213—2008,7.16,有修改]

3.8

感知设备　sensing device

能够获取对象信息的设备,并提供接入网络的能力。

[来源:GB/T 33745—2017,2.1.9]

4　总体要求

4.1　系统应至少包括投饲设备、感知设备、通信网络和投饲管理平台。

4.2　系统应具备投饲自动化作业、投饲量精确计量、投饲过程精准化管理等功能。

4.3　系统信息安全应达到 GB/T 22239 中的第一级要求。

5　投饲设备

5.1　投饲设备应包括料箱、供料机构、投料机构、计量装置和控制装置。

5.2　安全要求应符合 SC/T 6023 的要求。

5.3　工作模式应至少包括手动控制、远程控制和自动控制,其中优先级最高的工作模式应为手动控制。

5.4　投饲时间、投饲量、投饲速度、多次投饲作业任务等运行参数应支持本地和远程设定。

5.5　投饲量和料箱剩余饲料量的计量误差应不超过满量程的±1%。

5.6　投饲设备应能记录或通过通信网络上传相关信息,至少应包括以下信息:

a)　投饲时间(投饲启动时间、投饲持续时长等);

b)　投饲量(每次投饲量、投饲任务进度、累计投饲量等);

c)　投饲速度;

d)　料箱剩余饲料量;

e)　投饲设备运行状态(运行、待机、故障等)。

6　感知设备

6.1　感知设备应能获取水温、溶解氧、pH、气温、气压等环境信息。在技术条件允许的情况下,宜再获取数量、规格和行为等鱼类相关信息。

6.2　环境信息宜采用水质传感器、气象传感器等设备采集。

6.3　鱼类相关信息可采用摄像机、水声传感器等设备采集。

7　通信网络

通信网络应具备以下功能:

a)　保证投饲设备、感知设备等现场终端设备与投饲管理平台之间数据传输的可靠性;

b)　通信网络应具备扩展能力,能满足投饲设备、感知设备数量和种类的增加。

8　投饲管理平台

8.1　投饲管理平台部署在本地时应配备计算机、显示器等设备。

8.2　投饲管理平台部署在云端时应支持手机、计算机等终端设备的远程接入。

8.3　投饲管理平台应能对投饲设备和感知设备进行控制和监测,至少应包括以下功能:

a)　远程控制投饲设备的启动和关闭;

b) 设置投饲设备自动启动和自动关闭的时间；

c) 设置每日和每次的投饲量；

d) 设置投饲速度；

e) 设置多次投饲作业任务；

f) 对投饲设备和感知设备的状态监测与故障报警。

8.4 投饲管理平台应能通过设备自动采集、人工采集录入、从其他系统共享等方式采集并存储相关信息，至少应包括以下信息：

a) 环境信息（水温、溶解氧、pH、氨氮、气温、气压等）；

b) 鱼类相关信息（品种、数量、养殖密度、规格、行为等）；

c) 设备信息（型号、编号、故障记录等）；

d) 饲料信息（饲料种类、饲料营养成分、饲料生产商、饲料生产日期、饲料保质期等）；

e) 投饲信息（投饲率、投饲量、投饲时间、投饲速度、料箱剩余饲料量等）。

8.5 投饲管理平台应具备信息分析与管理功能，至少应包括以下功能：

a) 养殖环境信息的统计、分析和查询；

b) 各养殖单元鱼类数量、成活率、规格、养殖周期、生长情况等信息的统计、分析、查询和修改；

c) 设备型号、设备运行状态、设备故障等信息的统计、分析和查询；

d) 饲料种类、饲料生产商、饲料营养成分等信息的统计、查询和修改；

e) 饲料系数、饲料成本等信息的统计、分析和查询；

f) 历史投饲数据的统计、分析和查询。

8.6 投饲管理平台应具备精准投饲管理功能，至少应包括以下功能：

a) 投饲模型创建、模型参数输入及修改；

b) 根据鱼类品种、数量、规格、养殖周期、环境条件等信息形成投饲决策数据，如投饲率、投饲量、饲料规格；

c) 根据环境信息、鱼类行为等调整投饲量和投饲速度，控制投饲设备运行或给出管理建议。

9 使用与维护

9.1 系统安装后应进行调试，确保各项功能正常后方可投入使用。

9.2 系统使用过程中应根据产品使用说明书的要求定期对设备进行维护。

参 考 文 献

［1］ GB/T 22213—2008 水产养殖术语
［2］ GB/T 33745—2017 物联网 术语

ICS 65.150
CCS B 50

中华人民共和国水产行业标准

SC/T 7002.7—2023
代替 SC/T 7002.7—1992

渔船用电子设备环境试验条件和方法 第7部分：交变盐雾(Kb)

Environmental testing conditions and methods for electronic equipments of fishing vessel—Part 7: Cyclic salt mist (Kb)

2023-12-22 发布　　2024-05-01 实施

中华人民共和国农业农村部　发布

前　言

本文件按照GB/T 1.1—2020《标准化工作导则　第1部分：标准化文件的结构和起草规则》的规定起草。

本文件是SC/T 7002《渔船用电子设备环境试验条件和方法》的第7部分。SC/T 7002已经发布了以下文件：

——第1部分：总则；
——第2部分：高温；
——第3部分：低温；
——第4部分：交变湿热(Db)；
——第5部分：恒定湿热(Ca)；
——第6部分：盐雾(Ka)；
——第7部分：交变盐雾(Kb)；
——第8部分：正弦振动；
——第9部分：碰撞；
——第10部分：外壳防护；
——第11部分：倾斜　摇摆；
——第12部分：长霉；
——第13部分：风压；
——第14部分：电磁兼容；
——第15部分：温度冲击。

本文件代替SC/T 7002.7—1992《船用电子设备环境试验条件和方法　交变盐雾(Kb)》。与SC/T 7002.7—1992相比，除结构调整和编辑性改动外，主要技术变化如下：

a) 更改了“试验条件”的内容(见1992年版的第4章)；
b) 删除了“人造海水”的规定(见1992年版的4.2.2)；
c) 增加了“试验数据处理”的方法(见第9章)；
d) 增加了“试验报告中提供的信息”的内容(见第11章)。

请注意本文件的某些内容可能涉及专利。本文件的发布机构不承担识别专利的责任。

本文件由农业农村部渔业渔政管理局提出。

本文件由全国水产标准化技术委员会渔业机械仪器分技术委员会(SAC/TC 156/SC 6)归口。

本文件起草单位：中国水产科学研究院渔业机械仪器研究所、上海华夏渔业机械仪器工贸有限公司、福建飞通通讯科技股份有限公司。

本文件主要起草人：胡欣、吴姗姗、林英华、顾海涛、李国栋、韩梦遐、林英狮、钟伟、宋启鹏、郑本中、邵群。

本文件及其所代替文件的历次版本发布情况为：

——1981年首次发布为SC 59.7—1981，1984年第一次修订；
——1992年第二次修订时，标准号变更为SC/T 7002.7—1992；
——本次修订为第三次修订。

引　言

渔船用电子设备涉及渔船航行安全的各个方面，如渔船通导、渔船操纵、渔船安全、渔船捕捞等。环境适应能力是评价渔船用电子设备的重要技术指标。为保障我国渔船用电子设备在船舶航行、渔业生产中安全可靠运行，需要制定渔业环境试验基础性行业标准。SC/T 7002《渔船用电子设备环境试验条件和方法》系列标准包括了试验环境及严酷等级的基础信息，并规定了各种测量和试验用大气条件，旨在为渔船用电子产品规范制定者和产品设计、制造者提供一系列统一且可以重复的环境试验方法，拟由15个部分构成。

——第1部分：总则。目的在于确立适用于本系列标准的一般要求、应用大气条件和试验顺序。

——第2部分：高温。目的在于确立适用于高温试验对于试验箱及样品安装要求、试验条件和试验方法。

——第3部分：低温。目的在于确立适用于低温试验对于试验箱及样品安装要求、试验条件和试验方法。

——第4部分：交变湿热(Db)。目的在于确立适用于交变湿热试验对于试验箱及样品安装要求、试验条件和试验方法。

——第5部分：恒定湿热(Ca)。目的在于确立适用于恒定湿热试验对于试验箱及样品安装要求、试验条件和试验方法。

——第6部分：盐雾(Ka)。目的在于确立适用于盐雾试验基本要求、试样要求、试验条件和试验方法。

——第7部分：交变盐雾(Kb)。目的在于确立适用于交变盐雾试验对于试验设备要求、严酷等级和试验步骤。

——第8部分：正弦振动。目的在于确立适用于正弦振动试验对于试验设备要求、试验条件和试验方法。

——第9部分：碰撞。目的在于确立适用于碰撞试验对于试验设备要求、试验条件和试验方法。

——第10部分：外壳防护。目的在于确立适用于外壳防护试验防护型式分类和标志方法、IP防护等级分级及其含义和试验方法。

——第11部分：倾斜　摇摆。目的在于确立适用于倾斜、摇摆试验对于试验设备及试验样品的安装要求、严酷等级和试验步骤。

——第12部分：长霉。目的在于确立适用于长霉试验对于试验设备要求、试验条件、试验周期和试验程序。

——第13部分：风压。目的在于确立适用于风压试验对于试验设备及试验样品要求、试验条件和试验方法。

——第14部分：电磁兼容。目的在于确立适用于电池兼容试验对于设备分组、试验项目及适用组别、试验极限值和试验方法。

——第15部分：温度冲击。目的在于确立适用于温度冲击试验对于样品安装要求、试验条件和试验方法。

随着我国社会的进步，渔船用电子设备科技水平不断提高，渔船用电子设备类型的划分也更加细致和科学，一大批新的渔船用电子设备涌现，新的需求不断产生。鉴于此，确有必要修订完善SC/T 7002.7，以不断适应我国渔船用电子设备发展的新需求，为我国渔业生产保驾护航。

渔船用电子设备环境试验条件和方法 第7部分:交变盐雾(Kb)

1 范围

本文件界定了渔船用电子设备交变盐雾试验的术语和定义,规定了严酷等级、试验设备和试验样品要求,描述了试验步骤、试验数据处理方法,给出了相关规范采用本试验方法时应提供的信息和试验报告内容。

本文件适用于直接暴露在舱室外或露天的设备试验,也可用适用于船桥或控制室等室内场所使用的设备试验,还可适用于非金属材料受盐雾影响而造成的恶化及设备在盐雾环境下性能变化的试验。

2 规范性引用文件

下列文件中的内容通过文中的规范性引用而构成本文件必不可少的条款。其中,注日期的引用文件,仅该日期对应的版本适用于本文件;不注日期的引用文件,其最新版本(包括所有的修改单)适用于本文件。

GB/T 2421 环境试验 概述和指南

GB/T 2423.18—2021 环境试验 第2部分:试验方法 试验 Kb:盐雾,交变(氯化钠溶液)

GB/T 5170.5 电工电子产品环境试验设备检验方法 第5部分:湿热试验设备

GB/T 5170.8 电工电子产品环境试验设备检验方法 第8部分:盐雾试验设备

GB/T 10125—2021 人造气氛腐蚀试验 盐雾试验

3 术语和定义

GB/T 2421 界定的术语和定义适用于本文件。

3.1

条件试验 testing

把试验样品暴露在试验环境中,以确定这些条件对试验样品的影响。

[来源:GB/T 2421—2020,3.3]

3.2

恢复 recovery

在条件试验之后最后检测之前,为使试验样品的性能稳定所做的处理。

[来源:GB/T 2421—2020,3.4]

3.3

相关规范 relevant specification

试验样品要满足的一组技术要求及用来判定这些要求是否被满足的检测方法。

[来源:GB/T 2421—2020,3.8]

4 严酷等级

试验严酷等级及要求见表1,如相关规范有温度要求,则按照产品相关规范中规定的试验温度进行,但不应低于(40±2)℃。喷雾结束后立即将样品转移到湿热箱中储存,储存条件为恒定湿热,温度(40±2)℃、相对湿度(93±3)%。

表1 严酷等级及要求

严酷等级	设备类别	一个完整周期	周期数
1	船桥或控制室等室内使用设备	喷盐雾 2 h 后储存在湿热环境下 22 h	3个
2	直接暴露在舱室外或露天设备	喷盐雾 2 h 后储存在湿热环境下 6 d 22 h	4个

5 盐溶液

5.1 盐溶液采用氯化钠和蒸馏水或去离子水配制，其质量浓度为(5±1)%。氯化钠为化学纯等级以上，所含碘化钠不大于0.1%；总杂质不大于0.3%。

5.2 在(20±2)℃时，盐溶液的pH在6.5～7.2；条件试验期间pH要维持在这个范围之内，可用稀盐酸或稀氢氧化钠溶液调整pH。每一批新配置的溶液按GB/T 10125—2021中5.2.2描述的方法测量pH。

6 试验设备

6.1 湿热试验设备按GB/T 5170.5的规定执行。

6.2 盐雾试验设备按GB/T 5170.8的规定执行。

7 试验样品

7.1 表面应清洁干净，无临时的防护措施。

7.2 安装放置应符合GB/T 2423.18—2021中9.2的要求。

8 试验步骤

8.1 初始检测

采用目测法对样品进行外观检查，按相关规范规定对样品电性能、机械性能进行检测。

8.2 条件试验

8.2.1 试验样品在喷雾过程中不通电，在湿热储存中，试验样品不通电或按相关规范执行。

8.2.2 盐雾阶段，试验样品按7.2的要求置于盐雾箱(室)内，在15 ℃～35 ℃下喷盐雾2 h，盐雾的沉降量范围为1 mL/(80 cm^2 · h)～2 mL/(80 cm^2 · h)。

8.2.3 根据相关规范确定使用箱(室)转移法或一箱法。若使用箱转移法，当样品从盐雾箱(室)转移至湿热箱(室)内时，尽量减少样品上盐溶液的损失。

8.2.4 湿热阶段，试验样品在湿热环境内按第4章的要求储存。

8.2.5 试验严酷等级按第4章或相关规范规定进行。

8.2.6 盐雾不直接喷射到样品上。试验设备的顶部、四壁或其他部位的凝结水不滴落在样品上，喷雾过的盐溶液不再作喷雾用。

8.3 恢复

8.3.1 恢复第一阶段

全部周期结束后，将试验样品取出在正常大气条件下放置1 h～2 h。对热时间常数大的样品，延长恢复时间，直至样品恢复到正常大气条件下的温度。

8.3.2 恢复第二阶段

8.3.2.1 在水温不超过35 ℃的流动清水下洗5 min，再用蒸馏水或去离子水漂洗或按相关规范执行。

8.3.2.2 甩干或用强气流吹干样品，除去水滴。

8.3.2.3 在(55±2)℃下干燥1 h后，并在温度15℃～35℃，相对湿度73%～77%，气压86 kPa～106 kPa下储存1 h～2 h。

8.3.2.4 由相关规范规定相应处理条件。

8.4 最后检测

采用目测法检查试验样品外观，按相关规范规定进行电性能及机械性能的检测。

9 试验数据处理

9.1 将盐雾试验后样品外观检测结果和样品初始外观进行对比分析。

9.2 将盐雾试验前后样品电性能及机械性能检测结果进行对比分析。

10 相关规范给出的信息

当相关规范采用本试验方法时，应提供下列条款所要求的信息：

a） 严酷等级；
b） 初始检测；
c） 最后检测。

11 试验报告

试验报告应至少提供以下内容：

a） 试验标准；
b） 试验日期；
c） 试验设备；
d） 试验方法；
e） 试验条件；
f） 初始检测方法和结果；
g） 试验期间的操作和负载；
h） 恢复条件和时间；
i） 最后检测的方法和结果。

ICS 65.150
CCS B 50

中华人民共和国水产行业标准

SC/T 7002.11—2023
代替 SC/T 7002.11—1992

渔船用电子设备环境试验条件和方法 第11部分：倾斜 摇摆

Environmental testing conditions and methods for electronic equipments of fishing vessel—Part 11: Inclinations and swings

2023-12-22 发布　　2024-05-01 实施

中华人民共和国农业农村部 发布

前言

本文件按照 GB/T 1.1—2020《标准化工作导则　第 1 部分:标准化文件的结构和起草规则》的规定起草。

本文件是 SC/T 7002《渔船用电子设备环境试验条件和方法》的第 11 部分。SC/T 7002 已经发布了以下部分:

——第 1 部分:总则;

——第 2 部分:高温;

——第 3 部分:低温;

——第 4 部分:交变湿热(Db);

——第 5 部分:恒定湿热(Ca);

——第 6 部分:盐雾(Ka);

——第 7 部分:交变盐雾(Kb);

——第 8 部分:正弦振动;

——第 9 部分:碰撞;

——第 10 部分:外壳防护;

——第 11 部分:倾斜　摇摆;

——第 12 部分:长霉;

——第 13 部分:风压;

——第 14 部分:电磁兼容;

——第 15 部分:温度冲击。

本文件代替 SC/T 7002.11—1992《渔船用电子设备环境试验条件和方法　倾斜、摇摆》。与 SC/T 7002.11—1992 相比,除结构调整和编辑性改动外,主要技术变化如下:

a) 更改了"试验条件"的标题及内容(见第 4 章,1992 年版的 4.2、4.3);

b) 增加了"试验样品安装"的要求(见第 6 章);

c) 更改了"试验设备"的要求(见第 5 章,1992 年版的第 3 章);

d) 更改了"试验方法"的内容(见第 7 章,1992 年版的第 5 章);

e) 增加了"试验数据处理"的方法(见第 8 章);

f) 增加了"试验报告中提供的信息"的内容(见第 10 章)。

请注意本文件的某些内容可能涉及专利。本文件的发布机构不承担识别专利的责任。

本文件由农业农村部渔业渔政管理局提出。

本文件由全国水产标准化技术委员会渔业机械仪器分技术委员会(SAC/TC 156/SC 6)归口。

本文件起草单位:中国水产科学研究院渔业机械仪器研究所、上海华夏渔业机械仪器工贸有限公司、福建飞通通讯科技股份有限公司。

本文件主要起草人:石瑞、韩梦遐、林英狮、吴姗姗、李国栋、钟伟、林英华、邵群、郑本中。

本文件及其所代替文件的历次版本发布情况为:

——1981 年首次发布为 SC 59.11—1981,1984 年第一次修订;

——1992 年第二次修订,标准号变更为 SC/T 7002.11—1992;

——本次修订为第三次修订。

引 言

渔船用电子设备涉及渔船航行安全的各个方面，如渔船通导、渔船操纵、渔船安全、渔船捕捞等。环境适应能力是评价渔船用电子设备的重要技术指标。为保障我国渔船用电子设备在船舶航行、渔业生产中安全可靠运行，需要制定渔业环境试验基础性行业标准。SC/T 7002《渔船用电子设备环境试验条件和方法》系列标准包括了试验环境及严酷等级的基础信息，并规定了各种测量和试验用大气条件，旨在为渔船用电子产品规范制定者和产品设计、制造者提供一系列统一且可以重复的环境试验方法，拟由15个部分构成。

——第1部分：总则。目的在于确立适用于本系列标准的一般要求、应用大气条件和试验顺序。

——第2部分：高温。目的在于确立适用于高温试验对于试验箱及样品安装要求、试验条件和试验方法。

——第3部分：低温。目的在于确立适用于低温试验对于试验箱及样品安装要求、试验条件和试验方法。

——第4部分：交变湿热(Db)。目的在于确立适用于交变湿热试验对于试验箱及样品安装要求、试验条件和试验方法。

——第5部分：恒定湿热(Ca)。目的在于确立适用于恒定湿热试验对于试验箱及样品安装要求、试验条件和试验方法。

——第6部分：盐雾(Ka)。目的在于确立适用于盐雾试验基本要求、试样要求、试验条件和试验方法。

——第7部分：交变盐雾(Kb)。目的在于确立适用于交变盐雾试验对于试验设备要求、严酷等级和试验步骤。

——第8部分：正弦振动。目的在于确立适用于正弦振动试验对于试验设备要求、试验条件和试验方法。

——第9部分：碰撞。目的在于确立适用于碰撞试验对于试验设备要求、试验条件和试验方法。

——第10部分：外壳防护。目的在于确立适用于外壳防护试验防护型式分类和标志方法、IP防护等级分级及其含义和试验方法。

——第11部分：倾斜　摇摆。目的在于确立适用于倾斜、摇摆试验对于试验设备及试验样品的安装要求、严酷等级和试验步骤。

——第12部分：长霉。目的在于确立适用于长霉试验对于试验设备要求、试验条件、试验周期和试验程序。

——第13部分：风压。目的在于确立适用于风压试验对于试验设备及试验样品要求、试验条件和试验方法。

——第14部分：电磁兼容。目的在于确立适用于电池兼容试验对于设备分组、试验项目及适用组别、试验极限值和试验方法。

——第15部分：温度冲击。目的在于确立适用于温度冲击试验对于样品安装要求、试验条件和试验方法。

随着我国社会的进步，渔船用电子设备科技水平不断提高，渔船用电子设备类型的划分也更加细致和科学，一大批新的渔船用电子设备涌现，新的需求不断产生。鉴于此，确有必要修订完善SC/T 7002.11，以不断适应我国渔船用电子设备发展的新需求，为我国渔业生产保驾护航。

渔船用电子设备环境试验条件和方法
第 11 部分:倾斜　摇摆

1　范围

本文件界定了渔船用电子设备倾斜、摇摆试验的术语和定义,规定了严酷等级、试验设备及样品安装要求,描述了试验步骤、试验数据处理方法,给出了相关规范采用本试验方法时应提供的信息和试验报告内容。

本文件适用于具有旋转电机、液态介质或不平衡动作机构的渔船用电子设备,在倾斜、摇摆环境下的工作适应性和结构完好性试验。

2　规范性引用文件

下列文件中的内容通过文中的规范性引用而构成本文件必不可少的条款。其中,注日期的引用文件,仅该日期对应的版本适用于本文件;不注日期的引用文件,其最新版本(包括所有的修改单)适用于本文件。

GB/T 2421　环境试验　概述和指南

GB/T 2423.101　电工电子产品环境试验　第 2 部分:试验方法　试验:倾斜和摇摆

3　术语和定义

GB/T 2421 及 GB/T 2423.101 界定的术语和定义适用于本文件。

3.1

条件试验　testing

把试验样品暴露在试验环境中,以确定这些条件对试验样品的影响。

[来源:GB/T 2421—2020,3.3]

3.2

相关规范　relevant specification

试验样品要满足的一组技术要求及用来判定这些要求是否被满足的检测方法。

[来源:GB/T 2421—2020,3.8]

3.3

倾斜　inclination

船舶沿首尾或左右舷的中轴,形成的纵倾或横倾状态。

[来源:GB/T 2423.101—2008,3.1,有修改]

3.4

摇摆　swing

船舶绕或沿其纵向、横向、垂向 3 个坐标的中轴,所做的交变性角位移运动或往复性平移运动。交变性角位移运动包括纵摇、横摇和艏摇,往复性平移运动包括纵荡、横荡和垂荡。

[来源:GB/T 2423.101—2008,3.2,有修改]

4　严酷等级

4.1　倾斜

纵倾和横倾角度±22.5 °、在纵倾和横倾的 4 个方向上,每个方向试验的持续时间≥15 min。

4.2　摇摆

4.2.1　纵摇

纵摇的 2 种严酷等级包括:

a） 纵摇角度±10 °、周期 5 s、试验的持续时间≥30 min；

b） 纵摇角度±10 °、周期 3 s、试验的持续时间≥30 min。

4.2.2 横摇

横摇的 4 种严酷等级包括：

a） 横摇角度±22.5 °、周期 10 s、试验的持续时间≥30 min；

b） 横摇角度±22.5 °、周期 5 s、试验的持续时间≥30 min；

c） 横摇角度±45 °、周期 10 s、试验的持续时间≥30 min；

d） 横摇角度±45 °、周期 5 s、试验的持续时间≥30 min。

4.2.3 垂荡

垂荡的 2 种严酷等级包括：

a） 加速度幅值±5.9 m/s^2、周期 5 s、试验持续时间≥30 min；

b） 加速度幅值±9.8 m/s^2、周期 5 s、试验持续时间≥30 min。

4.3 复合试验

4.3.1 纵摇、横摇复合

纵摇角度±10 °、纵摇周期 7 s，横摇角度±22.5 °、横摇周期 5 s，复合试验的持续时间≥30 min。

4.3.2 纵摇、垂荡复合

纵摇角度±10 °、纵摇周期 7 s，垂荡加速度幅值±5.9 m/s^2、垂荡周期 5 s，复合试验的持续时间≥30 min。

4.3.3 其他复合试验

按相关规范规定执行。

4.4 严酷等级选取

根据设备种类，严酷等级按下列要求选取：

a） 自动化设备及其他设备或不影响船舶操纵和安全的设备，按 4.1、4.2.1a）、4.2.2a）进行试验；

b） 通信、航行设备，按 4.1、4.2.1b）、4.2.2b）、4.3.1 进行试验；

c） 应急设备及关键设备，按 4.1、4.2.1b）、4.2.2c）、4.2.3a）、4.3.1、4.3.2 进行试验。

5 试验设备

5.1 倾斜、摇摆试验台

试验台至少能模拟一种形式的船舶摇摆。其角度和周期应能根据需要进行调节，并能满足第 4 章的技术要求。当试验台无法满足相关规范要求时，可采用转动安装方向、更换试验台等经双方协议认可的方法进行试验。

5.2 正弦摇摆试验台

正弦摇摆试验台在安装试验样品后所产生的摇摆波形为连续、光滑的正弦波。其波形失真度＜±15％，试验台的摇摆幅值容差≤±10％，周期容差≤±5％。

5.3 随机摇摆试验台

随机摇摆试验台的特性由相关规范另行规定。

5.4 试验台监测系统

摇摆试验时，摇摆试验台的摇摆幅值和周期采用直视式或其他仪器进行监视。其角度幅值的分辨率≤5％，线性加速度幅值的分辨率≤5％，周期的分辨率≤5％。

6 试验样品安装

6.1 应根据实际使用状态和方式安装样品，有安装架或减震器的，应与样品一起安装。试验中，样品及安装架不应发生明显的变形。

6.2 当有纵向安装、横向安装、带辅助设备、有复杂连接等多种安装方式时，应选取最易受试验影响的安装方式,或对多种安装方式都进行试验。

6.3 试验样品应稳定安装在规定位置,试验中不应发生明显的晃动和漂移。

7 试验步骤

7.1 初始检测

对样品通电,使可动作机构处于工作状态,按下列要求进行检测并记录,样品不涉及下列要求的项目应注明:

a) 目测样品结构件的工作状态;
b) 根据相关规范的要求,采用符合要求的设备,测量轴承工作温度及环境温度;
c) 根据相关规范的要求,测试易受试验影响的典型软硬件功能;
d) 根据相关规范的要求,测试易受试验影响的性能指标;
e) 相关规范中其他需要试验的项目。

7.2 条件试验

根据相关规范要求的严酷等级,依次进行倾斜、摇摆、复合试验,试验过程中,保持样品可动作系统处于工作状态,并按下列要求进行检测:

a) 目测样品结构件的工作状态,记录是否出现卡死、损坏、失效等情况;
b) 根据相关规范的要求,采用符合要求的设备,测量轴承工作温度及环境温度,记录是否出现异响;
c) 根据相关规范的要求,测试易受试验影响的典型软硬件功能,记录是否出现失效、误动作、误接触、呆滞等情况;
d) 根据相关规范的要求,测试易受试验影响的性能指标,记录是否出现异常;
e) 根据相关规范的要求,进行其他需要试验的项目,记录是否出现异常。

7.3 最后检测

试验完成后,保持样品可动作机构处于工作状态,再次进行7.2项目的检测,并记录是否出现异常。

8 试验数据处理

8.1 将样品结构件的条件试验及最后检测结果,与初始检测结果进行对比。

8.2 将样品条件试验及最后检测的轴承温升,与初始检测的轴承温升进行对比。

轴承温升按公式(1)计算。

$$\Delta T = T_1 - T_2 \quad (1)$$

式中:

ΔT ——轴承温升的数值,单位为开尔文(K);
T_1 ——试验中的轴承工作温度值,单位为摄氏度(℃);
T_2 ——环境的温度值,单位为摄氏度(℃)。

8.3 将样品典型软硬件功能的条件试验及最后检测结果,与初始检测结果进行对比。

8.4 将样品性能指标的条件试验及最后检测结果,与初始检测结果进行对比。

8.5 将样品其他试验项目的条件试验及最后检测结果,与初始检测结果进行对比。

9 相关规范给出的信息

当相关规范采用本试验方法时,应提供下列信息:

a) 严酷等级,当有辅助设备或复杂连接不能同台试验时,还应列出试验顺序;
b) 试验样品安装;
c) 初始检测;
d) 最后检测。

10 试验报告

试验报告应至少提供以下内容：

a) 试验标准；

b) 试验日期；

c) 试验的环境条件；

d) 试验设备；

e) 严酷等级；

f) 初始检测、条件试验及最后检测的数据和结果。

ICS 65.150
CCS B 50

中华人民共和国水产行业标准

SC/T 9112—2023

海洋牧场监测技术规范

Technical specification for monitoring of marine ranching

2023-12-22 发布　　2024-05-01 实施

中华人民共和国农业农村部 发布

前　言

本文件按照 GB/T 1.1—2020《标准化工作导则　第 1 部分：标准化文件的结构和起草规则》的规定起草。

请注意本文件的某些内容可能涉及专利。本文件的发布机构不承担识别专利的责任。

本文件由农业农村部渔业渔政管理局提出。

本文件由全国水产标准化技术委员会渔业资源分技术委员会(SAC/TC 156/SC 10)归口。

本文件起草单位：全国水产技术推广总站、浙江大学、中国海洋大学、中国水产科学研究院南海水产研究所、青岛海洋科学与技术试点国家实验室、青岛励图高科信息技术有限公司、山东省渔业发展和资源养护总站、大连海洋大学、青岛海研电子有限公司、自然资源部第一海洋研究所、青岛海创智图科技有限公司。

本文件主要起草人：罗刚、李培良、刘永玲、刘子洲、陈丕茂、李苗、苏亮、陈栋、顾艳镇、翟方国、李海涛、舒黎明、孙利元、田涛、温琦、王波、唐衍力、陈圣灿、王桂香、叶观琼、李志林、王暖生、倪松远。

海洋牧场监测技术规范

1 范围

本文件界定了海洋牧场监测的相关术语和定义，确立了海洋牧场监测的原则，规定了监测方式、常规监测、在线监测、数据存储与处理、报告编制与归档等方面的技术要求，描述了对应的证实方法。

本文件适用于海洋牧场生产与管理的监测活动。

2 规范性引用文件

下列文件中的内容通过文中的规范性引用而构成本文件必不可少的条款。其中，注日期的引用文件，仅该日期对应的版本适用于本文件；不注日期的引用文件，其最新版本（包括所有的修改单）适用于本文件。

GB/T 12763.1　海洋调查规范　第1部分：总则

GB/T 12763.2　海洋调查规范　第2部分：海洋水文观测

GB/T 12763.4　海洋调查规范　第4部分：海水化学要素调查

GB/T 12763.6　海洋调查规范　第6部分：海洋生物调查

GB/T 12763.9　海洋调查规范　第9部分：海洋生态调查指南

GB/T 12763.10　海洋调查规范　第10部分：海底地形地貌调查

GB/T 13972　海洋水文仪器通用技术条件

GB/T 15920　海洋学术语　物理海洋学

GB 17378.1　海洋监测规范　第1部分：总则

GB 17378.3　海洋监测规范　第3部分：样品采集、贮存与运输

GB 17378.4　海洋监测规范　第4部分：海水分析

GB 17378.5　海洋监测规范　第5部分：沉积物分析

HY/T 037—2017　海洋资料浮标作业规范

HY/T 082　珊瑚礁生态监测技术规程

HY/T 083　海草床生态监测技术规程

SC/T 9403　海洋渔业资源调查规范

3 术语和定义

GB/T 15920 界定的以及下列术语和定义适用于本文件。

3.1

海洋牧场　marine ranching

基于海洋生态系统原理，在特定海域，通过人工鱼礁、增殖放流等措施，构建或修复海洋生物繁殖、生长、索饵或避敌所需的场所，增殖养护渔业资源、改善海域生态环境，实现渔业资源可持续利用的渔业模式。

[来源：SC/T 9111—2017，3.1]

3.2

对照区　contrast area

在海洋牧场区附近，生态环境条件相似且不受海洋牧场活动影响，用作生态环境与生物资源比较分析的特定海域。

[来源：SC/T 9416—2014，3.4，有修改]

3.3

常规监测　routine monitoring

在已建成海洋牧场(3.1)及其对照区(3.2)定期开展的对环境、生物、人工鱼礁状态、渔业生产等要素数据进行采集的过程。

3.4

在线监测　online monitoring

依托传感器以及相应的数据传输系统对海洋牧场(3.1)相关要素数据进行连续、自动采集并将其上传至接收终端的过程。

3.5

海洋牧场数据中心　data center of marine ranching

开展海洋牧场监测数据信息存储和处理的场所。

4　监测原则

4.1　系统性

综合考虑海洋牧场建设类型与目标、建设规模、生产运行和监督管理需求等多种因素,系统确定监测方式与内容。

4.2　规范性

监测方法成熟可靠、技术完善,符合相关技术规范要求。

4.3　优选性

考虑监测成本和需求目的等因素,选取易监测、针对性强、有代表意义的指标作为必须监测的指标,其他指标可根据实际需求进行选择。

4.4　实用性

监测结果可为海洋牧场的生产运行与监督管理提供数据支持。

5　监测方式

海洋牧场监测包括常规监测和在线监测两种方式,宜根据生产和管理需要选择适宜的监测方式。

6　常规监测

6.1　监测内容、指标及方法

6.1.1　环境要素

环境要素监测内容包括水文、水质和表层沉积物等,监测指标应包括水深、水温、盐度、溶解氧、化学需氧量、pH、无机氮、活性磷酸盐,其他监测指标宜根据海洋牧场类型与监测需求进行选择。主要监测指标对应的监测方法应按照表1的规定执行。

表1　环境要素常规监测的主要监测内容、指标及方法

监测内容	监测指标	监测方法
水文	水深、水温、盐度、透明度、海流等	按GB/T 12763.2的有关规定执行
水质	溶解氧(DO)、化学需氧量(COD)、pH、无机氮[亚硝酸盐氮(NO_2-N)、硝酸盐氮(NO_3-N)、氨氮(NH_4-N)]、活性磷酸盐(PO_4^{3-}-P)	按GB 17378.3的有关规定采样,按GB/T 12763.4的有关规定对溶解氧、pH、活性磷酸盐等进行分析,按GB 17378.4的有关规定对化学需氧量、无机氮等进行分析
水质	重金属[汞(Hg)、铜(Cu)、铅(Pb)、锌(Zn)、镉(Cd)、总铬(Cr)、砷(As)等]	按GB 17378.3的有关规定采样,按GB 17378.4的有关规定分析
	悬浮物(SS)	按GB 17378.3的有关规定采样,按GB/T 12763.9的有关规定分析
表层沉积物	粒度、重金属[汞(Hg)、铜(Cu)、镉(Cd)、铅(Pb)、锌(Zn)、铬(Cr)、砷(As)等]、石油类、有机碳、硫化物	按GB 17378.3的有关规定采样,按GB 17378.5的有关规定分析

6.1.2 海洋生物要素

海洋生物要素监测内容应包括叶绿素 a、底栖生物、游泳动物，如海洋牧场有海藻场、海草床、珊瑚礁等建设内容，监测内容还应包括大型海藻、海草、珊瑚。其他监测内容宜根据海洋牧场类型与监测需求进行选择。监测内容对应的监测方法应按照表 2 的规定执行。

表 2 海洋生物要素常规监测的主要监测内容及方法

监测内容	监测方法
叶绿素 a	按 GB/T 12763.6 中的有关规定对叶绿素 a、浮游植物、浮游动物、底栖生物进行监测，按 SC/T 9403 中的有关规定对鱼卵仔鱼进行监测
浮游植物	
浮游动物	
鱼卵仔鱼	
底栖生物	
礁体附着生物	选择在风浪较小、水质清晰时，采用水下观测和水下取样的方式监测。水下观测采用水下摄像和摄影方式执行；水下取样由潜水员潜入鱼礁区执行，取样前现场拍照或录像，现场测量生物附着厚度及覆盖面积，取样面积根据生物量酌定，一般按 25 cm×25 cm 面积执行，取样位置涵盖鱼礁上、中、下各部位，每部位各采集 3 个以上平行样本，重点监测种类组成、数量分布、群落组成
游泳动物	选择刺网、钓具、笼壶、声学、水下观测等一种或几种方式进行监测。其中，刺网、钓具、笼壶、声学按 SC/T 9403 的有关规定执行；水下观测采用水下摄像摄影方式执行，选择在风浪较小、水质清晰时进行
大型海藻	潮间带大型海藻监测按 GB/T 12763.6 的有关规定执行；潮下带大型海藻监测结合潜水调查和声学调查进行，按 GB/T 12763.6 中的有关规定执行，重点监测分布面积、大型海藻种类、生物量、覆盖度、株高等
海草	按 HY/T 083 的有关规定执行。重点监测分布面积、覆盖度、植株密度、生物量、海草种类及茎株高度等
珊瑚	按 HY/T 082 的有关规定执行。重点监测分布面积、覆盖度、珊瑚种类及构成、健康状况、敌害分布等

6.1.3 人工鱼礁状态

已投放人工鱼礁的海洋牧场应监测人工鱼礁状态。监测方式有声学监测和水下监测两种，根据海洋牧场监测成本、水文条件、需求目的可选择一种或两种监测方式开展监测。对应的指标和监测方法应按照表 3 的规定执行。

表 3 人工鱼礁状态常规监测的主要监测指标、方式及方法

监测指标	监测方式	监测方法
位置、数量、沉降、位移、稳定性、完整性等	声学监测	按照 GB/T 12763.10 的有关规定执行，监测区域为整个人工鱼礁区，覆盖所有的鱼礁单体
	水下监测	选择在风浪较小、水质清晰时，由潜水员或水下机器人潜入人工鱼礁区，采用水下摄像和摄影方式执行，总监测站位≥5 个，监测点尽可能均匀分布在整个人工鱼礁区

6.1.4 渔业生产要素

渔业生产要素监测内容应包括海洋牧场区域内的捕捞、养殖、增殖放流等情况，其他监测内容宜根据海洋牧场类型与监测需求进行选择。监测内容对应的监测指标和方法应按照表 4 的规定执行。

表 4 渔业生产要素常规监测的主要监测内容、指标及方法

监测内容	监测指标	监测方法
捕捞情况	捕捞种类和产量	根据海洋牧场生产记录统计
养殖情况	养殖种类、方式、规模、产量和产值	
增殖放流情况	增殖种类、方式、规模、规格	
保护性水生生物情况	出现的种类、数量及分布情况	

6.2 监测站位

监测站位的布设应相对固定并满足以下要求：

a） 牧场区域原则上每平方千米内布设 1 个站位，至少在海洋牧场各边界角点及中心各设 1 个监测站位。对照区站位数≥1 个，总站位数≥6 个。

b） 对重点监测区域（如鱼礁区等）和有特殊观测需求区域（如海藻场等）加密设置站位。

c） 采用走航式监测的，监测范围能覆盖海洋牧场各个功能区及对照区。

d） 对于鱼礁及其附着物的监测，根据礁体的材料和形状设置具有代表性的站位。

6.3 监测频次

根据监测内容和监测目的，各监测要素的监测频次应满足以下要求：

a） 环境要素、海洋生物要素每年监测≥1 次，且监测时间相对固定。海草、大型海藻的监测时间为海草、海藻生长旺盛期。

b） 人工鱼礁状态在建成后立即监测 1 次，其后每 3 年监测≥1 次。

c） 渔业生产要素每年监测 1 次。

d） 监测指标异常时，开展应急监测。

7 在线监测

7.1 监测方式

根据生产、管理和科研需要，宜选择以下一种或几种监测方式开展在线监测：

a） 海底在线监测。依托海底在线监测系统开展监测，主要用于海洋环境要素、人工鱼礁状态和海洋生物要素。

b） 海上浮标在线监测。依托浮标在线监测系统开展监测，主要用于监测海洋环境要素、人工鱼礁状态和海洋生物要素。

c） 陆基雷达实时监测。依托陆基雷达实时监测系统开展监测，主要用于陆基与海面实时监控、追踪船只等。

d） 海面视频在线监测。依托安装在陆基或海上平台的视频在线监测系统开展监测，主要用于实时监控牧场设施设备运行和海上生产状况。

7.2 在线监测系统技术要求

7.2.1 海底在线监测系统

一般包括海底观测设施、陆基控制设施和信息传输及电力供给设施。若采用微波信息传输方式，还宜配备海上观测平台。系统设施的组成及技术要求应符合表 5 的规定。

表 5 海底在线监测系统设施组成及技术要求

系统设施组成		技术要求
海底观测设施	平台框架	稳定布放于海底；使用耐海水腐蚀材料加工；预留扩展加载仪器空间
海底观测设施	仪器设备	符合 GB/T 13972 对海洋水文仪器通用技术条件的规定；具有防生物附着措施
	数据采集系统	集成供电与信息传输；满足兼容扩展，可接入其他仪器设备；能故障隔离，单台仪器损坏不影响系统工作
陆基控制设施	设施壳体	具备防水、防盐雾等功能，防护能力能达到 IP56 防护等级
	供电管理模块	能控制海底观测设施的能源供给，输入电压为 AC220V，电压波动在±10%范围内；配备≥15 min 电力供给的不间断电源
	监测控制模块	现场无人值守时加电能自启动；重新加电自启动后能记忆恢复；能直接对海底观测设施设置调试；具备数据备份功能
	信息传输模块	实现信息中转传输，能接入外部网络，有线网络上传带宽≥6 Mbps
信息传输及电力供给设施	电/光缆（距离≤3 km 时推荐）	传输压降≤6 V/km，传输带宽≥6 Mbps，破断力≥20 Kn
	微波（距离＞3 km 时推荐）	传输距离≥20 km，传输带宽≥20 Mbps，推荐使用全向平板天线；电力供给可采用太阳能发电、风力发电、风光互补发电或发电机发电，保障特殊天气状况（如连续阴雨、无风等天气状况）下能提供≥5 d 的电源供给

表5（续）

系统设施组成		技术要求
海上观测平台		为微波信息传输及除海底电缆供电外的其他供电方式提供场地支持，面积≥20 m²，荷载≥2 t；抗风能力≥10级，抗浪能力≥5 m（有效波高），抗流能力≥2 m/s（表层流速）；安装实时监控设备，视频监控信息能实时传输至岸基设施
注：d 为海底观测设施离岸距离。		

7.2.2 海上浮标在线监测系统

海上浮标在线监测系统组成及技术要求应首先符合HY/T 037—2017中第4章的相关规定，并根据海洋牧场在线监测需求增加海底观测设施、陆基控制设施和信息传输及电力供给设施。相关设施技术要求应符合表5中相应设施技术要求。

7.2.3 陆基雷达实时监测系统

系统性能要求应符合表6规定的要求。

表6 陆基雷达实时监测系统技术要求

序号	技术参数名称	参数要求
1	监测半径	≥10海里
2	监视区跟踪目标数量	≥30个
3	探测距离	≥5海里
4	目标捕捉数量	≥30个
5	AIS显示能力	≥100个
6	用户自定义监视区域数量	≥10个
7	用户自定义监视区域形状	任意形状（点、线、任意多边形）
8	尾迹功能	两种（图像、ARPA）
9	距离数据误差	量程的1.5%或者35 m（取其大值）
10	方位数据误差	≤1.5°
11	航向数据误差	≤3°
12	速度数据误差	≤1节
13	数据更新时间	≤25 s/次
14	网络通信接口	TCP/IP协议
15	防护能力	具备抗17级风和IP56等级防护能力

7.2.4 海面视频在线监测系统

以光学和热成像摄像机组为主要监测设备，系统应具有主动识别、视频动态报警、目标追踪、巡航跟踪、记录存储等功能。系统性能应符合表7规定的要求。

表7 海面视频在线监测系统性能要求

序号	技术参数名称	参数要求
1	供电方式	市电、太阳能板或电池等多种方式供电
2	摄像机类型	热成像双光谱摄像机
3	热成像船只监测距离	≥5 000 m
4	热成像人员监测距离	≥1 500 m
5	视频分辨率	1 920 p×1 080 p，200万像素
6	摄像头	可见光≥45倍光学变焦，热成像摄像头≥75 mm
7	云台	水平360°连续旋转、垂直90°转动
8	跟踪	全景跟踪、事件跟踪等多种跟踪方式并支持多场景巡航跟踪功能
9	侦测	具有定时抓拍功能，移动侦测功能，包含区域入侵侦测、越界侦测、进入区域侦测、离开区域侦测
10	数据存储	监控硬盘录像机支持H.265+编码，向下兼容H.265处理模式，低码率，低照度；支持动态录像功能和本地NVR或内存卡支持循环录像存储

表7（续）

序号	技术参数名称	参数要求
11	数据安全	系统具备断电数据不丢失功能
12	视频查看	支持智能手机
13	防护能力	具备抗17级风和IP56等级防护能力
14	其他功能	摄像机具备3D数字降噪、自动聚焦等功能

7.3 监测系统布放

在线监测系统布放应满足以下要求：

a) 选取安全海域布放海上设施，避开锚地、底拖网作业区等；

b) 海底在线监测系统的海底观测设施布放于人工鱼礁或其他构筑物投放海域，海面控制设施布放于有可靠电源的海上平台或陆基建筑中；

c) 海上浮标在线监测系统按HY/T 037—2017的有关规定选取布放位置，同时考虑布放位置反映海洋牧场主要特征；

d) 陆基雷达实时监测系统布放于建筑物高处，周围无明显遮挡；

e) 海面视频在线监测系统布放于陆基或海上平台，周围无明显遮挡。

7.4 监测内容、指标及方法

7.4.1 海洋环境要素

海洋环境要素监测指标应包括水深、水温、盐度、叶绿素、溶解氧、pH、浊度、营养盐、海流、海浪等，其他监测指标可根据监测目的及要求增加。主要监测指标的单位、传感器的准确度、分辨率及监测方法应按表8的规定执行，其他新增监测指标应根据选取的传感器确定准确度和分辨率。

表8 海洋环境要素在线监测指标测量准确度、分辨率及监测方法

监测指标		单位	准确度	分辨率	监测方法
水深		m	±0.1%	0.01	采用海底在线监测方式，通过搭载于系统的压力传感器定点监测
水温		℃	符合GB/T 12763.2规定的水温测量准确度等级1级要求	符合GB/T 12763.2规定的水温测量准确度等级1级要求	采用海底在线监测或海上浮标在线监测方式，通过采用搭载于系统的温度传感器定点监测
盐度		—	符合GB/T 12763.2规定的盐度测量准确度等级3级要求	符合GB/T 12763.2规定的盐度测量准确度等级3级要求	采用海底在线监测或海上浮标在线监测方式，通过采用搭载于系统的电导率传感器定点监测
叶绿素		μg/L	±2%	0.05	采用海底在线监测或海上浮标在线监测方式，通过采用搭载于系统的叶绿素传感器定点监测
溶解氧		mg/L	±0.2	0.01	采用海底在线监测或海上浮标在线监测方式，通过采用搭载于系统的溶解氧传感器定点监测
pH		—	±0.1	0.01	采用海底在线监测或海上浮标在线监测方式，通过采用搭载于系统的pH传感器定点监测
浊度		NTU	±2%	0.1	采用海底在线监测或海上浮标在线监测方式，通过采用搭载于系统的浊度传感器定点监测
营养盐	硝酸盐	mg/L	±10%	0.1	采用海底在线监测或海上浮标在线监测方式，通过采用搭载于系统的营养盐传感器定点监测
	亚硝酸盐	mg/L	±10%	0.1	
	磷酸盐	mg/L	±10%	0.1	
	硅酸盐	mg/L	±10%	0.1	
	铵盐	mg/L	±15%	0.1	

表 8（续）

监测指标		单位	准确度	分辨率	监测方法
海流	流速	cm/s	符合 GB/T 12763.2 规定的定点测流准确度要求	—	采用海底在线监测或海上浮标在线监测方式，通过采用搭载于系统的声学剖面海流计定点监测
	流向	°			
海浪	波高	m	符合 GB/T 12763.2 规定的海浪波高测量准确度等级二级要求	—	采用海底在线监测或海上浮标在线监测方式，通过采用搭载于系统的波浪传感器定点监测
	周期	s	符合 GB/T 12763.2 规定的海浪周期测量准确度要求		
	波向	°	符合 GB/T 12763.2 规定的海浪波向测量准确度要求		

7.4.2 人工鱼礁状态及海洋生物要素

人工鱼礁状态及海洋生物要素监测内容应包括人工鱼礁状态，其他监测内容可根据监测目的及要求增加。监测指标及方法应按表 9 的规定执行。

表 9 人工鱼礁状态及海洋生物要素在线监测内容、指标及方法

监测内容	监测指标	监测方法
人工鱼礁状态	视频范围内生物附着、沉降、位移、稳定性、完整性	采用海底在线监测方式或海上浮标在线监测方式，通过系统搭载的水下高清摄像机在线定点监测，并配备水下 LED 光源，保证夜间、浑浊水体下的视频效果
海藻	视频范围内种类、盖度	
海草	视频范围内种类、盖度	
珊瑚礁	视频范围内种类、盖度、白化状况	
底栖生物	视频范围内种类、数量	
游泳生物	视频范围内种类、数量	

7.4.3 牧场运行与生产状况

牧场运行与生产状况监测内容包括海洋牧场内设施设备运行状况、海上生产状况以及过往船只对海洋牧场影响情况等，宜根据海洋牧场类型与监测需求进行选择。监测内容、指标及方法应按表 10 的规定执行。

表 10 牧场运行与生产状况在线监测内容、指标及方法

监测内容	监测指标	监测方法
船只状态	船只方位、航行轨迹、航向、航速等	采用陆基雷达实时在线监测方式，通过雷达传感器监测并结合海图信息，实现目标主动识别、探测、自动跟踪、报警、记录
设施设备运行状况	牧场内安置的网箱、浮标、浮台等设施设备丢失、损坏情况	采用海面视频在线监测方式，通过光学和热成像摄像机，实现监控区域目标影像可视化监测
海上生产状况	牧场区渔业生产安全，非法捕捞、岸线围填等渔业与环境破坏活动	采用海面视频在线监测方式，通过光学和热成像摄像机，实现监控区域目标影像可视化监测

7.5 监测频次

海洋牧场在线监测要素的监测频次应满足以下要求：

a) 环境要素采样时间间隔一般≤30 min，可根据监测目的及在线监测系统性能调整监测频次，在发生监测指标异常时提高监测频次；

b) 人工鱼礁状态及海洋生物要素一般由水下摄像机实施连续不间断监测，基于浮标在线监测系统的一般每小时连续观测≥1 min；

c) 牧场运行与生产状况一般连续不间断监测。

8 数据存储与处理

8.1 数据存储

海洋牧场监测数据存储应满足以下要求：

a) 监测数据由海洋牧场数据中心统一进行存储；

b) 在线监测数据(不包含视频)在接收服务器上存储≥半年,并且在接收服务器以外的存储介质上至少备份1份,最新数据备份周期≤1周；

c) 视频在接收服务器上存储≥1周,并每周进行剪辑,挑选典型视频长期保存。

8.2 数据处理

海洋牧场监测数据处理应满足以下要求：

a) 常规监测数据按照GB/T 12763.1描述的方法及规定的要求进行处理；

b) 在线监测数据在线率≥95%,能在线实时展示系统状态信息和监测数据信息,能在线直播实时视频；

c) 能设置预警临界值,对在线数据异常进行报警。

9 报告编制与归档

9.1 报告编制

监测报告宜包含以下内容：

a) 监测工作基本情况,包括常规监测时间、监测单位、监测站位设置,在线监测系统建设、运行及维护情况等；

b) 监测要素样品分析方法和监测数据处理方法；

c) 监测结果分析,主要对6.1和7.4中的监测内容及指标进行分析,重点关注海洋牧场环境因子、生物资源状况、海底生境状况等；

d) 监测结果对比,结合监测结果分析情况,与上一年度及对照区海域监测结果进行差异性对比,根据对比结果进行相关性分析；

e) 意见及建议,根据监测结果,分析监测因素变化原因,提出相关工作意见或建议。

9.2 归档

应按照GB 17378.1的有关规定,每年对海洋牧场的监测资料进行归档。

参 考 文 献

[1] SC/T 9111—2017 海洋牧场分类
[2] SC/T 9416—2014 人工鱼礁建设技术规范

ICS 65.150
CCS B 50

中华人民共和国水产行业标准

SC/T 9441—2023

水产养殖环境(水体、底泥)中孔雀石绿、结晶紫及其代谢物残留量的测定 液相色谱-串联质谱法

Determination of malachite green, crystal violet and their metabolites residues in water and sediment from aquaculture environments by LC-MS/MS method

2023-02-17 发布　　2023-06-01 实施

中华人民共和国农业农村部　发布

前 言

本文件按照 GB/T 1.1—2020《标准化工作导则 第1部分:标准化文件的结构和起草规则》的规定起草。

请注意本文件的某些内容可能涉及专利。本文件的发布机构不承担识别专利的责任。

本文件由农业农村部渔业渔政管理局提出。

本文件由全国水产标准化技术委员会渔业资源分技术委员会(SAC/TC 156/SC 10)归口。

本文件起草单位:中国水产科学研究院、浙江省海洋水产研究所、中粮营养健康研究院、北京科德诺思技术有限公司。

本文件主要起草人:李晋成、梅光明、杨悠悠、李芹、房金岑、刘欢、韩刚、孙慧武、张小军、何雅静、谢云峰、刘琪、孙涛、闻瑞琪。

水产养殖环境(水体、底泥)中孔雀石绿、结晶紫及其代谢物残留量的测定 液相色谱-串联质谱法

1 范围

本文件描述了液相色谱-串联质谱法测定水产养殖环境中孔雀石绿、结晶紫及其代谢物隐色孔雀石绿、隐色结晶紫残留量方法的原理、试剂和材料、仪器和设备、样品的采集与保存、样品处理、测定、结果计算和检测方法灵敏度、准确度、精密度。

本文件适用于水产养殖环境水体、底泥中孔雀石绿、结晶紫及其代谢物隐色孔雀石绿、隐色结晶紫残留量的测定。

2 规范性引用文件

下列文件中的内容通过文中的规范性引用而构成本文件必不可少的条款。其中,注日期的引用文件,仅该日期对应的版本适用于本文件;不注日期的引用文件,其最新版本(包括所有的修改单)适用于本文件。

GB/T 6682 分析实验室用水规格和试验方法

GB 17378.5 海洋监测规范 第5部分:沉积物分析

SC/T 9102.1 渔业生态环境监测规范 第1部分:总则

SC/T 9102.2 渔业生态环境监测规范 第2部分:海洋

SC/T 9102.3 渔业生态环境监测规范 第3部分:淡水

3 术语和定义

本文件没有需要界定的术语和定义。

4 原理

水样采用二氯甲烷提取;底泥试样经冷冻干燥后研磨均匀,用乙腈/二氯甲烷混合溶液提取,推杆式滤过型中性氧化铝净化柱净化。待检测液供液相色谱-串联质谱测定孔雀石绿、结晶紫及其代谢物残留量,内标法定量。

5 试剂和材料

所有试剂,除另外有说明外,均为分析纯试剂;所有试剂经液相色谱-串联质谱仪测定不得检出孔雀石绿、结晶紫及其代谢物。实验用水应符合 GB/T 6682 中规定的一级水。

5.1 试剂

5.1.1 二氯甲烷(CH_2Cl_2):色谱纯。

5.1.2 乙腈(CH_3CN):色谱纯。

5.1.3 甲酸(HCOOH):色谱纯。

5.1.4 乙酸铵(NH_4CH_2COOH):分析纯。

5.2 溶液配制

5.2.1 乙腈/二氯甲烷混合液:取 90 mL 乙腈(5.1.2)和 10 mL 二氯甲烷(5.1.1),混合均匀,现用现配。

5.2.2 乙酸铵溶液(5 mmoL/L,含 0.1% 甲酸):称取 0.385 g 乙酸铵溶解于水中,加入 1 mL 甲酸(5.1.3),用水定容至 1 000 mL,过 0.22 μm 微孔滤膜(水相)。

5.2.3 乙腈(含 0.1% 甲酸)溶液:精确量取 1 mL 甲酸(5.1.3),用乙腈(5.1.2)定容至 1 000 mL。

5.2.4 初始流动相:50 mL 流动相 A(5.2.1)和 50 mL 流动相 B(5.2.2)混合均匀,现用现配。

5.3 **标准品**

5.3.1 孔雀石绿(MG)、隐色孔雀石绿(LMG)、结晶紫(CV)及隐色结晶紫(LCV)标准品:含量≥97.0%,标准物质详细信息见附录A。

5.3.2 氘代孔雀石绿($MG-D_5$)、氘代隐色孔雀石绿($LMG-D_6$)、氘代结晶紫($CV-D_6$)和氘代隐色结晶紫($LCV-D_6$)标准品:含量≥97.0%,标准物质详细信息见附录A。

5.4 **标准溶液配制**

5.4.1 标准储备液(100.0 μg/mL):准确称取适量的孔雀石绿(MG)、隐色孔雀石绿(LMG)、结晶紫(CV)及隐色结晶紫(LCV)标准品,分别用乙腈(5.1.2)溶解并定容,配制成浓度为100.0 μg/mL的标准储备液,于−18 ℃避光保存,有效期6个月。

5.4.2 内标标准储备液(100.0 μg/mL):准确称取适量的氘代孔雀石绿($MG-D_5$)、氘代隐色孔雀石绿($LMG-D_6$)、氘代结晶紫($CV-D_6$)和氘代隐色结晶紫($LCV-D_6$)标准品,分别用乙腈(5.1.2)溶解并定容,配制成浓度为100.0 μg/mL的内标储备液,于−18 ℃避光保存,有效期6个月。

5.4.3 混合标准中间液(1.0 μg/mL):分别准确吸取1.0 mL孔雀石绿、隐色孔雀石绿、结晶紫和隐色结晶紫的标准储备液(5.4.1)于100 mL容量瓶中,用乙腈(5.1.2)稀释定容,配制成浓度为1.0 μg/mL的混合标准中间液,于−18 ℃避光保存,有效期2个月。

5.4.4 混合内标标准中间液(1.0 μg/mL):分别准确吸取1.0 mL氘代孔雀石绿、氘代隐色孔雀石绿、氘代结晶紫和氘代隐色结晶紫内标储备液(5.4.2)于100 mL容量瓶中,用乙腈(5.1.2)稀释定容,配制成浓度为1.0 μg/mL的混合内标标准中间液,于−18 ℃避光保存,有效期2个月。

5.4.5 混合标准使用液(0.10 μg/mL):准确吸取1.0 mL混合标准中间液(5.4.3)于10 mL容量瓶中,用乙腈(5.1.2)稀释定容,配制成浓度为0.10 μg/mL的混合标准使用液,于−18 ℃避光保存,有效期1个月。

5.4.6 混合内标标准使用液(0.10 μg/mL):准确吸取1.0 mL混合内标标准中间液(5.4.4)于10 mL容量瓶中,用乙腈(5.1.2)稀释定容,配制成浓度为0.10 μg/mL的混合内标标准使用液,于−18 ℃避光保存,有效期1个月。

5.5 **材料**

5.5.1 微孔滤膜(水相):0.45 μm、0.22 μm。

5.5.2 微孔滤膜(有机相):0.22 μm。

5.5.3 推杆式滤过型中性氧化铝净化柱:中性氧化铝,50 mg/3 mL。

6 仪器和设备

6.1 高效液相色谱-串联质谱仪:配电喷雾离子源(ESI)。

6.2 天平:感量0.01 g。

6.3 分析天平:感量0.000 1 g。

6.4 高速离心机:转速≥8 000 r/min。

6.5 冷冻干燥机。

6.6 氮吹仪。

6.7 旋转蒸发仪。

6.8 抽滤装置。

6.9 涡旋混合器。

6.10 网筛:100目。

7 样品的采集与保存

7.1 按照SC/T 9102.1、SC/T 9102.2和SC/T 9102.3规定的方法采集样品。

7.2 水样通过抽滤装置过 0.45 μm 水相滤膜去除大颗粒杂质，置于玻璃瓶中，待检测。

7.3 底泥先于−20 ℃预冷冻 24 h，经冷冻干燥机（−50 ℃，真空度＜20 Pa，冷冻干燥 10 h）冷冻干燥后，剔除石块和植物体，用研钵研磨后过 100 目网筛，置于广口玻璃瓶中，待检测。

8 样品处理

8.1 水体

准确量取 7.2 过膜后水样 100 mL（精确至 0.1 mL），置于 250 mL 分液漏斗中，加入 20 μL 混合内标标准使用液（5.4.6），再加入 50 mL 的二氯甲烷（5.1.1），振摇 5 min，静置 30 min，取下层二氯甲烷于 250 mL鸡心瓶中，再往 250 mL 分液漏斗中加入 50 mL 二氯甲烷（5.1.1）重复提取 1 次，若分层不明显，取其下层液于 50 mL 离心管中，冷冻离心机 6 000 r/min 离心 3 min，再取下层液于 250 mL 鸡心瓶中，合并二氯甲烷提取液，45 ℃旋转蒸发浓缩至近干，残留物加入 2.0 mL 初始流动相（5.2.4）复溶，过 0.22 μm 微孔滤膜（有机相）后，上机测定。

8.2 底泥

8.2.1 准确称取 7.3 过筛后粉末状底泥样品 2.00 g（精确至 0.01 g）于 50 mL 聚乙烯离心管中，加入 20 μL混合内标标准使用液（5.4.6），加入 2 mL 水，涡旋 30 s，浸润处理 10 min，然后加入 30 mL 乙腈/二氯甲烷混合液（5.2.1），涡旋 2 min，振荡提取 60 min，以 8 000 r/min 离心 5 min，移取上层清液转移于 100 mL 鸡心瓶中。45 ℃旋转蒸发至近干，使用 1 mL 乙腈（5.1.2）复溶，待净化。

8.2.2 拉动推杆式滤过型中性氧化铝净化柱活塞抽取复溶液，推动活塞并接收流出液，加入 5 mmoL/L 乙酸铵溶液（5.2.2）并定容至 2.0 mL，过 0.22 μm 微孔滤膜（有机相）后，上机测定。

8.2.3 另取（2.00±0.05）g 底泥样品，按 GB 17378.5 中的规定测定含水率。

9 测定

9.1 标准工作曲线的制备

准确移取 100.0 ng/mL 混合标准使用液（5.4.5），初始流动相（5.2.4）稀释至 0.20 ng/mL、0.50 ng/mL、1.0 ng/mL、2.0 ng/mL、10.0 ng/mL、20.0 ng/mL 混合标准工作液，内标液浓度均为 1.0 ng/mL，现用现配。取系列标准工作液进样，以目标物和氘代目标物峰面积比值为纵坐标、对应目标物浓度为横坐标、绘制标准工作曲线。求回归方程和相关系数。

9.2 液相色谱条件

液相色谱的条件为：

a） C_{18} 色谱柱（2.1 mm ×100 mm，1.7 μm）或性能相当者；

b） 流动相：A 为乙酸铵溶液（5.2.2），B 为乙腈溶液（5.2.3），梯度条件见表 1；

c） 流速：0.3 mL/min；

d） 进样量：5 μL；

e） 柱温：40 ℃。

表 1 梯度条件

时间，min	5 mmol/L 乙酸铵溶液 A 相，%	乙腈（含甲酸 0.1%） B 相，%
0	50	50
1.5	5	95
3.5	5	95
4	50	50
5	50	50

9.3 质谱测定参考条件

见附录 B。

9.4 液相色谱-串联质谱测定

9.4.1 定性测定

按照上述条件测定样品和建立标准工作曲线，如果样品中化合物质量色谱峰的保留时间与标准溶液相比在±2.5%的可允许范围之内；待测化合物的定性离子对的相对丰度与浓度相当的标准溶液相比，相对丰度偏差不超过表2的规定，则可判断样品中存在相应的目标化合物。孔雀石绿、结晶紫及其代谢产物混合标准工作液的参考保留时间（见附录C中C.1）和液相色谱-串联质谱多反应监测色谱图（见图C.1）。

表2 定性确证时相对离子丰度的允许偏差

单位为百分号

相对离子丰度	＞50	＞20～≤50	＞10～≤20	≤10
允许的相对偏差	±20	±25	±30	±50

9.4.2 定量测定

按照内标法进行定量计算。

9.5 空白试验

除不加试样外，均按上述测定条件和步骤进行。

10 结果计算

10.1 校正因子

按公式（1）计算目标物对内标物的相对校正因子。

$$F_i=\frac{A_s\times m_r}{A_r\times m_s} \quad \cdots\cdots (1)$$

式中：

F_i ——目标物对内标物的相对校正因子；

A_s ——内标物的峰面积；

A_r ——标准品的峰面积；

m_s ——内标物质量的数值，单位为微克（μg）；

m_r ——标准品质量的数值，单位为微克（μg）。

10.2 残留量

水样中目标物的残留量按公式（2）计算，底泥中目标物的残留量按公式（3）计算，测试结果需扣除空白值。

$$X_i=\frac{F_i\times A_i\times m'_s}{A'_s\times V} \quad \cdots\cdots (2)$$

式中：

X_i ——水体中目标物残留量的数值，单位为纳克每升（ng/L）；

A'_s ——标准品溶液中内标物的峰面积；

A_i ——样品中每种目标物的峰面积；

m'_s ——标准溶液中内标物质量的数值，单位为纳克（ng）；

V ——水体体积的数值，单位为升（L）。

$$X_j=\frac{F_i\times A_i\times m'_s}{A'_s\times m\times(1-w)} \quad \cdots\cdots (3)$$

式中：

X_j ——底泥中目标物残留量的数值，单位为微克每千克（μg/kg）；

m ——底泥样品质量的数值，单位为克（g）；

w ——样品含水率的数值，单位为质量分数（%）。

11 检测方法灵敏度、准确度和精密度

11.1 灵敏度

水体中孔雀石绿、结晶紫及其代谢物的定量限均为 5.0 ng/L、检出限均为 2.0 ng/L。底泥中孔雀石绿、结晶紫及其代谢物的定量限均为 0.50 μg/kg、检出限均为 0.20 μg/kg。

11.2 准确度

水中添加浓度为 5.0 ng/L～100.0 ng/L 时，回收率为 80%～115%(见附录 D 中表 D.1 和表 D.2)。

底泥中添加浓度为 0.50 μg/kg～10.0 μg/kg 时，回收率为 80%～115%(见表 D.3)。

11.3 精密度

本方法批内相对标准偏差≤15%，批间相对标准偏差≤20%。

附 录 A
(资料性)
标准物质详细信息表

表 A.1 列出了目标物及内标物标准物质的中文名、英文名、缩写和 CAS 号。

表 A.1 目标物及内标物标准物质的中文名、英文名、缩写和 CAS 号

序号	中文名	英文名	缩写	CAS 号
1	孔雀石绿	Malachite green	MG	569-64-2
2	隐色孔雀石绿	Leucomalachite green	LMG	129-73-7
3	结晶紫	Crystal violet	CV	548-62-9
4	隐色结晶紫	Leucocrystal violet	LCV	603-48-5
5	孔雀石绿-D_5	Malachite green-D_5	MG-D_5	1258668-21-1
6	隐色孔雀石绿-D_6	Leucomalachite green-D_6	LMG-D_6	1173021-13-0
7	结晶紫-D_6	Crystal violet-D_6	CV-D_6	548-62-9
8	隐色结晶紫-D_6	Leucocrystal violet-D_6	LCV-D_6	1173023-92-1

附 录 B
（资料性）
质谱测定参考条件

以下所列参数是在 Waters Xevo TQS 串联质谱仪上完成的，此处列出的实验用型号仪是为了提供参考，并不涉及目的，鼓励标准使用者尝试不同厂家和型号的仪器。

a） 离子源：电喷雾离子源；
b） 扫描方式：正离子扫描；
c） 毛细管电压 1.70 kV；
d） 源补偿电压 50 V；
e） 脱溶剂温度 600 ℃；
f） 脱溶剂气流量 600 L/h；
g） 锥孔气流量 150 L/h；
h） 检测方式：多反应监测模式；
i） 保留时间、定性离子对、定量离子对和碰撞能量参考值见表 B.1。

表 B.1 保留时间、定性离子对、定量离子对和碰撞能量

目标物	保留时间 min	母离子 *m/z*	子离子 *m/z*	碰撞能量 eV
孔雀石绿	1.65	329.3	313.3*	35
			208.3	35
隐色孔雀石绿	2.78	331.3	316.3	20
			239.3*	30
结晶紫	2.01	372.3	356.3*	40
			340.3	50
隐色结晶紫	2.82	374.3	358.3*	32
			238.3	25
孔雀石绿-D_5	1.66	334.3	318.2	35
隐色孔雀石绿-D_6	2.77	337.3	322.3	20
结晶紫-D_6	2.00	378.3	362.3	38
隐色结晶紫-D_6	2.80	380.3	364.3	35
注：* 为定量离子。				

附　录　C
（资料性）
孔雀石绿、结晶紫及其代谢产物标准溶液出峰顺序及参考保留时间和液相色谱-串联质谱色谱图

C.1　表C.1列出了孔雀石绿、结晶紫及其代谢产物标准溶液出峰顺序及参考保留时间。

表C.1　孔雀石绿、结晶紫及其代谢产物标准溶液出峰顺序及参考保留时间

出峰顺序	标准物质	保留时间 min
1	孔雀石绿	1.59
2	结晶紫	1.91
3	隐色孔雀石绿	2.74
4	隐色结晶紫	2.76

C.2　图C.1列出了孔雀石绿、结晶紫及其代谢产物标准溶液液相色谱-串联质谱多反应监测色谱图。

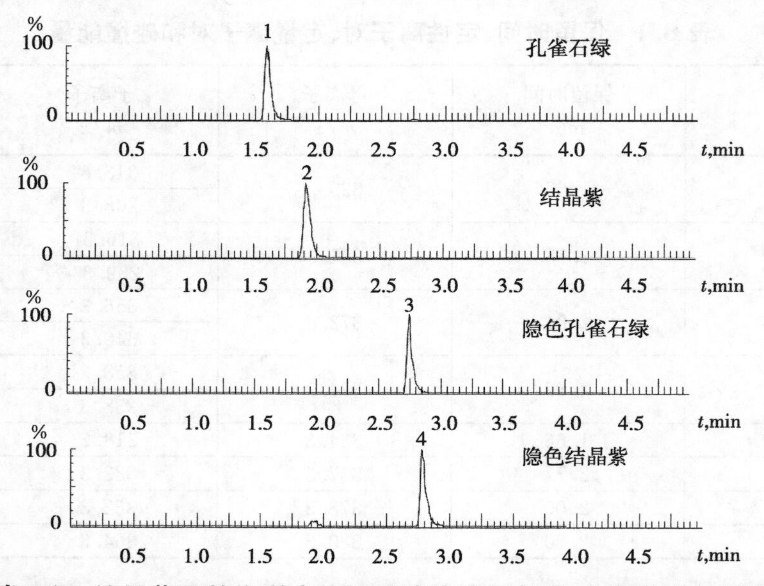

图C.1　孔雀石绿、结晶紫及其代谢产物标准溶液液相色谱-串联质谱多反应监测色谱图

附 录 D
(资料性)
添加回收率

D.1 表D.1列出了淡水养殖水体中测定孔雀石绿、结晶紫及其代谢产物添加回收率及相对标准偏差。

表D.1 淡水养殖水体中测定孔雀石绿、结晶紫及其代谢产物添加回收率及相对标准偏差

化合物名称	添加水平 ng/L	平均测定浓度 ng/L	平均回收率 %	相对标准偏差 %
孔雀石绿	5.0	4.73	94.6	6.76
	20.0	20.10	100.5	5.02
	100.0	103.00	103.0	5.70
隐色孔雀石绿	5.0	4.38	87.6	8.34
	20.0	20.38	101.9	4.80
	100.0	102.10	102.1	4.87
结晶紫	5.0	4.78	95.7	7.98
	20.0	21.12	105.6	6.42
	100.0	104.70	104.7	5.93
隐色结晶紫	5.0	4.56	91.2	5.28
	20.0	20.96	104.8	6.30
	100.0	104.20	104.2	4.69

D.2 表D.2列出了海水养殖水体中测定孔雀石绿、结晶紫及其代谢产物添加回收率及相对标准偏差。

表D.2 海水养殖水体中测定孔雀石绿、结晶紫及其代谢产物添加回收率及相对标准偏差

化合物名称	添加水平 ng/L	平均测定浓度 ng/L	平均回收率 %	相对标准偏差 %
孔雀石绿	5.0	4.84	96.8	5.22
	20.0	18.94	94.7	5.28
	100.0	104.30	104.3	6.69
隐色孔雀石绿	5.0	4.09	81.8	2.84
	20.0	20.96	104.8	5.76
	100.0	102.80	102.8	4.46
结晶紫	5.0	4.98	99.6	5.72
	20.0	20.40	102.0	4.49
	100.0	102.20	102.2	3.78
隐色结晶紫	5.0	4.33	86.7	4.93
	20.0	19.96	99.8	3.29
	100.0	104.50	104.5	5.88

D.3 表D.3列出了养殖环境底泥中测定孔雀石绿、结晶紫及其代谢产物添加回收率及相对标准偏差。

表D.3 养殖环境底泥中测定孔雀石绿、结晶紫及其代谢产物添加回收率及相对标准偏差

化合物名称	添加水平 μg/kg	平均测定浓度 μg/kg	平均回收率 %	相对标准偏差 %
孔雀石绿	0.5	0.521	104.2	4.67
	2.0	1.928	96.4	5.65
	10.0	9.840	98.4	3.68

表 D.3（续）

化合物名称	添加水平 μg/kg	平均测定浓度 μg/kg	平均回收率 %	相对标准偏差 %
隐色孔雀石绿	0.5	0.510	102.0	4.87
	2.0	2.016	100.8	3.92
	10.0	10.230	102.3	6.84
结晶紫	0.5	0.523	104.7	6.57
	2.0	1.982	99.1	4.91
	10.0	10.340	103.4	4.23
隐色结晶紫	0.5	0.456	91.1	9.38
	2.0	1.928	96.4	6.58
	10.0	10.030	100.3	3.34

ICS 65.150
CCS B 50

中华人民共和国水产行业标准

SC/T 9443—2023

放流鱼类物理标记技术规程

Technical code of practice for physical marks of the releasing fish

2023-04-11 发布　　　　2023-08-01 实施

中华人民共和国农业农村部　发布

前　言

本文件按照 GB/T 1.1—2020《标准化工作导则　第 1 部分：标准化文件的结构和起草规则》的规定起草。

请注意本文件的某些内容可能涉及专利。本文件的发布机构不承担识别专利的责任。

本文件由农业农村部渔业渔政管理局提出。

本文件由全国水产标准化技术委员会渔业资源分技术委员会(SAC/TC 156/SC 10)归口。

本文件起草单位：中国水产科学研究院南海水产研究所、广东海洋大学、中国水产科学研究院南海水产研究所深圳试验基地。

本文件主要起草人：李纯厚、王学锋、肖雅元、刘永、吕少梁、李广丽、林琳、王腾、吴鹏、黄小林。

放流鱼类物理标记技术规程

1 范围

本文件给出了放流鱼类物理标记的术语和定义、类型和原则，规定了标记前准备、标记操作、标记后处理，描述了标记记录内容和方法。

本文件适用于放流鱼类的物理标记。

2 规范性引用文件

下列文件中的内容通过文中的规范性引用而构成本文件必不可少的条款。其中，注日期的引用文件，仅该日期对应的版本适用于本文件；不注日期的引用文件，其最新版本（包括所有的修改单）适用于本文件。

GB 11607 渔业水质标准

GB 13078 饲料卫生标准

SC/T 9401 水生生物增殖放流技术规程

SC/T 9418 水生生物增殖放流技术规范 鲷科鱼类

SC/T 9437 水生生物增殖放流技术规范 名词术语

3 术语和定义

SC/T 9437 界定的以及下列术语和定义适用于本文件。

3.1

标记 mark

用物理、化学、生物技术等方法在水生生物体外或体内进行标识的过程。

[来源：SC/T 9437—2020，7.1]

3.2

物理标记 physical mark

通过水生动物外部物理形态特征（鳍条、鳃盖、体表）的改变或通过在水生动物上附着或水生动物内植入识别材料、装置而进行个体识别的标识方法。

3.3

切鳍标记 fin amputation mark，FAM

将水生动物某部位的鳍条部分或全部切除的标识方法。

[来源：SC/T 9437—2020，7.3]

3.4

打孔标记 punching mark，PCM

在水生动物身体的特定部位（如鳃盖骨或鳍条等硬组织）上打出特殊孔形状的识别方法。

[来源：SC/T 9437—2020，7.2，有修改]

3.5

烙印标记 branding mark，BDM

用加热或冷冻的模具在水生动物特定部位形成印记的标识方法。

[来源：SC/T 9437—2020，7.4]

3.6

挂牌标记 external attachment tag，EAT

将标记牌固定到水生生物体表特定部位的标识方法。

［来源：SC/T 9437—2020，7.5］

3.7

金属线码标记　coded wire tag，CWT

用线码注射器将带有编码的磁性金属细丝注入水生动物体内的标识方法。回捕后，通过金属探测器对标记进行鉴别。

［来源：SC/T 9437—2020，7.9］

3.8

被动整合雷达标记　passive integrated transponding tag，PIT

在水生动物皮下组织植入带有编码的射频信号芯片，回捕时通过专门的信号探测器识别的标识方法。

3.9

超声波标记　ultrasonic tag，UTT

在水生动物体表固定超声波发射器，通过水下布设的固定接收器（或船载的移动接收器），接收标记水生动物放流后的超声波信号，获得标记鱼移动轨迹数据的标识方法。

3.10

档案式标记　file type tag，FTT

在水生动物体表固定自动存储信息的感应器，通过感应器测定光强度、压力、温度来推算水生动物的移动轨迹以及所处水域的温度、深度等数据的标识方法。

注：需要回捕标记物才能获得数据。

3.11

固定式卫星定位标记　fixed satellite positioning tag，SPT

在水生动物体表固定卫星信号发射器，当发射器露出水面时，利用卫星追踪水生动物的位置（经纬度）或处理信号数据得到温度等环境信息的标识方法。

注：一般用于鲨鱼等间歇性活动于海面的鱼类。

3.12

分离式卫星定位标记　pop up satellite archival tag，PAT

在固定式卫星定位标记（3.11）的基础上增加发射装置和分离装置等标记物，标记物根据预设日期可定时从水生动物体表脱落，上浮到海表面后向卫星传送其存储的数据的标识方法。

注：一般用于金枪鱼、鲟鱼、鳗鱼等长距离洄游鱼类，无需回捕标记鱼。

4　标记类型

主要类型包括：

a）切鳍标记；

b）打孔标记；

c）烙印标记；

d）挂牌标记；

e）金属线码标记；

f）被动整合雷达标记；

g）超声波标记；

h）档案式标记；

i）固定式卫星定位标记；

j）分离式卫星定位标记。

5　标记原则

放流鱼类物理标记选择宜综合考虑以下原则：

a) 预设调查目标的相符性；
b) 生存活动的影响适应性；
c) 运动能力的影响适应性；
d) 标记物保持的时效性；
e) 标记物识别的准确性；
f) 标记操作的经济性；
g) 标记过程的便利性。

6 标记前准备

6.1 目标鱼选择

放流目标鱼满足以下条件：

a) 质量符合 SC/T 9401 的要求；
b) 不能人工繁殖的鱼类可用现场捕获的鱼种作为目标鱼。

6.2 目标鱼处理

目标鱼按以下方法处理：

a) 暂养宜不少于 2 d，水质符合 GB 11607 的规定；
b) 宜开展天然饵料及生境适应性驯化，饲料符合 GB 13078 的规定；
c) 标记前宜停食 1 d，出现自残行为时可缩短停食时间；
d) 标记麻醉前需杀菌和消毒，消毒剂选择参照 NY/T 472 的相关规定。

6.3 麻醉

6.3.1 麻醉剂选择

标记鱼类麻醉剂选择参照 NY/T 2713—2015 中附录 A 相关内容。

6.3.2 预实验

批量标记前需完成麻醉剂浓度和麻醉时间预实验，评估在不同麻醉剂和麻醉浓度下目标鱼的反应，估测操作人员的标记速度，选择适宜的麻醉剂浓度和麻醉时间，预实验期间应综合考虑水体容积、水温和溶解氧等关键指标的影响，目标鱼标记处理工具见附录 B。

6.3.3 麻醉程度

麻醉至 4 期时最适宜标记，各麻醉期具体行为特征见表 1。

表 1 鱼类麻醉程度分期和行为特征

麻醉程度分期	行为特征
0 期（正常期）	呼吸频率正常，将鱼体无眼区域置上时，能够迅速翻身恢复到正常姿态
1 期（轻度镇静期）	触觉略失，将鱼体无眼区域置上时，能够迅速翻身恢复到正常姿态，呼吸略加快
2 期（深度镇静期）	触觉丧失，将鱼体无眼区域置上时，挣扎后能够翻身恢复到正常姿态，呼吸略加快
3 期（轻度麻醉期）	肌肉张力略失，将鱼体无眼区域置上时，头部和尾部上翘身体呈弓形来回荡动，但不能翻身，呼吸频率与麻醉前相差不大
4 期（麻醉期）	肌肉张力丧失，将鱼体无眼区域置上时，鱼体静止，呼吸变慢但有规律
5 期（深度麻醉期）	鱼体静止，呼吸不连续，应立即移入清洁水体中复苏
6 期（延髓麻醉期）	呼吸停止，鱼体死亡

7 标记操作

7.1 切鳍标记

操作人员戴上手套轻握鱼体，利用手术剪或骨钳，剪除或部分剪除腹鳍等对游泳能力影响不大的鳍条。

7.2 打孔标记

操作人员戴上手套轻握鱼体，手持打孔器或骨钳在鳃盖骨、背鳍、尾鳍上打孔。

7.3 烙印标记

操作人员将鱼体平铺固定在湿毛巾上，另一操作人员用火钳夹住处于受热或制冷状态的金属块压于目标鱼的体侧或头部约 5 s，形成创伤疤痕。

7.4 挂牌标记

操作人员戴上手套轻握鱼体，手持标记枪，枪的针头与鱼体呈 45°角将标记牌植入背鳍基前部肌肉。

7.5 金属线码标记

操作人员戴上手套轻握鱼体，手持标记仪将金属线码标记物植入鱼的吻部、颊部或背部肌肉。

7.6 被动整合雷达标记

操作人员戴手套轻握鱼体，手持注射器将带有编码的射频信号芯片植入背鳍基前部肌肉，或将芯片植入鱼体腹腔内。

7.7 超声波标记

超声波标记进行以下操作：

a) 体外悬挂：预先将尼龙线缠绕在发射器中部，再用强力胶水将两者粘合，尼龙线的一端系在弧形缝针上备用。将麻醉鱼置于 V 形支架上，用缝针穿透鱼体背鳍或胸鳍（第一硬棘）或背鳍基前部肌肉将线带到鱼体另一侧，之后将两端线头打结固定发射器，剪去多余线头。

b) 胃部插入：将麻醉鱼置于 V 形支架上，用玻璃管慢慢伸入鱼口中至胃腔处，之后将发射器放入管中，再用玻璃棒推动发射器到达胃腔，最后缓慢退出玻璃棒和玻璃管。

c) 手术植入：将麻醉鱼置于 V 形支架上，腹部朝上。在鱼的腹鳍与肛门中部用手术刀切开一个 5 mm～10 mm 的小口，植入发射器，用针线缝合伤口。

7.8 档案式标记

操作人员将鱼固定在夹板中，使用钢丝缠绕于档案式标记物上，在鱼体两侧背部肌肉放置硅胶垫，将钢丝穿过左侧硅胶垫—肌肉—右侧硅胶垫，之后固定好钢丝。

7.9 固定式卫星定位标记

操作人员将鱼固定在靠近船边的位置或拉上甲板固定在夹板中，利用卫星发射器底部的锚标穿过鱼体背鳍，并在另外一侧安装硅胶垫及螺丝以固定发射器，操作过程用水管对着鱼嘴冲水，保证鱼的呼吸。

7.10 分离式卫星定位标记

操作人员将鱼固定在夹板中或固定在靠近船边的位置中，利用尖头注入器将标记物末端的锚标植入鱼体背部肌肉，操作过程用水管对着鱼嘴冲水，保证鱼的呼吸。

8 标记后处理

8.1 消毒

标记完成后，将鱼放入消毒剂中或直接涂抹消毒膏；消毒剂选择参见 6.2，浓度设置与消毒控制时间视鱼的种类及大小而定。

8.2 复苏

标记鱼消毒后转入清水中复苏，复苏至 4 期时即可转移到池中暂养，复苏过程的行为特征见表 2。

表 2 复苏过程分期和行为特征

复苏过程分期	行为特征
1 期	鳃盖开始振动，将鱼体无眼侧置上时，身体静止
2 期	将鱼体无眼侧置上时，头部和尾部上翘身体呈弓形来回荡动，但不能翻身
3 期	将鱼体无眼侧置上时，能够翻身恢复到正常姿态
4 期	呼吸频率恢复正常，将鱼体无眼侧置上时，能够迅速翻身恢复到正常姿态

8.3 暂养

标记鱼按以下步骤暂养：

a） 暂养时间不少于 3 d；

b） 其间若有死亡的鱼及时捞出并记录；

c） 正式放流前 1 d 禁食；

d） 留置一定比例的标记鱼作为比对，观察脱标率、存活率等。

8.4 运输

标记鱼运输、装苗器具以及运输工具、方法、时间和密度按 SC/T 9418 的规定执行。

8.5 放流

标记鱼放流时间、方法和水域条件按 SC/T 9401 的规定执行。

9 数据记录

标记前准备、标记操作和标记后处理过程中各项观测状态、测量数据按附录 A 完整记录。

附 录 A
（规范性）
标记内容记录

放流鱼类物理标记内容记录表见表 A.1。

表 A.1 放流鱼类物理标记内容记录表

记录日期______年______月______日　　天　　气______________　　标记地点______________
标记鱼种______________　　标记类型______________　　标记鱼数量______________(尾)
标记单位名称______________

<table>
<tr><td>标记鱼编号</td><td colspan="7"></td></tr>
<tr><td>水温
℃</td><td></td><td>盐度</td><td></td><td>pH</td><td></td><td>溶解氧
mg/L</td><td></td></tr>
<tr><td colspan="8">标记前准备</td></tr>
<tr><td colspan="2">标记前暂养</td><td colspan="2">标记前麻醉</td><td colspan="2">标记前杀菌/消炎</td><td colspan="2">标记工具</td></tr>
<tr><td>暂养时间</td><td></td><td>麻醉剂名称</td><td></td><td>杀菌/消毒剂名称</td><td></td><td colspan="2"></td></tr>
<tr><td>禁食时长</td><td></td><td>麻醉剂浓度</td><td></td><td>杀菌/消毒剂浓度</td><td></td><td colspan="2"></td></tr>
<tr><td>死亡尾数</td><td></td><td>麻醉时间</td><td></td><td>杀菌/消毒时间</td><td></td><td colspan="2"></td></tr>
<tr><td>喂食次数</td><td></td><td>麻醉尾数</td><td></td><td>杀菌/消毒尾数</td><td></td><td colspan="2"></td></tr>
<tr><td colspan="8">标记操作</td></tr>
<tr><td>标记步骤</td><td colspan="7"></td></tr>
<tr><td colspan="8">标记后处理</td></tr>
<tr><td colspan="2">标记后消毒</td><td colspan="2">标记后暂养</td><td colspan="2">标记后运输</td><td colspan="2">标记后放流</td></tr>
<tr><td>消毒剂名称</td><td></td><td>暂养时间</td><td></td><td>装鱼器具</td><td></td><td>放流时间</td><td></td></tr>
<tr><td>消毒剂浓度</td><td></td><td>喂食次数</td><td></td><td>运输方式</td><td></td><td>放流方式</td><td></td></tr>
<tr><td>消毒时间</td><td></td><td>禁食时长</td><td></td><td>运输时长</td><td></td><td>放流水温</td><td></td></tr>
<tr><td>消毒尾数</td><td></td><td>死亡尾数</td><td></td><td>运输密度</td><td></td><td>放流溶解氧</td><td></td></tr>
</table>

填表人______________　　校对人______________　　审核人______________

附　录　B
（资料性）
标记工具

B.1　常用工具

常用工具有棉布手套、橡胶手套、手抄网、氧气泵、养殖水桶、棉球、直尺（精度 1 mm）和电子秤（精度 0.1 g）等。

B.2　专用工具

不同标记类型可选专用工具见表 B.1。

表 B.1　专用工具分类

标记类型	专用工具类型
切鳍标记	手术剪、骨钳
打孔标记	打孔器、骨钳
烙印标记	金属块、火钳、加热物（激光、乙炔火焰等）、制冷物（液氮、干冰等）
挂牌标记	标记牌（材质为塑料、铝制等；形状为椭圆形、长方形、箭形、T 形等）、标记枪
金属线码标记	金属线码标记物、标记仪、探测器
被动整合雷达标记	被动雷达整合标记物、注射器、探测器
超声波标记	超声波发射器、尼龙线、强力胶水、手术刀、弧形缝针、可吸收缝线、V 形支架、玻璃管、玻璃棒
档案式标记	档案式标记物、硅胶垫、钢丝、夹板
固定式卫星定位标记	卫星信号发射器、硅胶垫、螺丝
分离式卫星定位标记	分离式卫星标记物、尖头注入器、夹板

参 考 文 献

[1] NY/T 472—2013 绿色食品 兽药使用准则
[2] NY/T 2713—2015 水产动物表观消化率测定方法
[3] 中华人民共和国兽药典(2020年版)
[4] 中华人民共和国农业部公告第176号 禁止在饲料和动物饮用水中使用的药物品种目录
[5] 中华人民共和国农业部公告第235号 动物性食品中兽药最高残留限量
[6] 中华人民共和国农业部公告第193号 食品动物禁用的兽药及其他化合物清单
[7] 中华人民共和国农业部公告第1519号 禁止在饲料和动物饮用水中使用的物质

ICS 65.150
CCS B 50

中华人民共和国水产行业标准

SC/T 9444—2023

水产养殖水体中氨氮的测定 气相分子吸收光谱法

Determination of ammonia-nitrogen in aquaculture water by gas-phase molecular absorption spectrometry method

2023-04-11 发布　　　　2023-08-01 实施

中华人民共和国农业农村部　发布

前　言

本文件按照 GB/T 1.1—2020《标准化工作导则　第 1 部分：标准化文件的结构和起草规则》的规定起草。

请注意本文件的某些内容可能涉及专利。本文件的发布机构不承担识别专利的责任。

本文件由农业农村部渔业渔政管理局提出。

本文件由全国水产标准化技术委员会渔业资源分技术委员会(SAC/TC 156/SC 10)归口。

本文件起草单位：中国水产科学研究院珠江水产研究所。

本文件主要起草人：尹怡、潘德博、赵城、郑光明、魏琳婷、李丽春、单奇、刘书贵、马丽莎、金慧、戴晓欣、赵建。

水产养殖水体中氨氮的测定　气相分子吸收光谱法

1　范围

本文件描述了用气相分子吸收光谱法测定水产养殖水体中氨氮含量的方法原理、试剂与材料、仪器和设备、样品采集和保存、干扰和消除、测定、结果计算和检测方法灵敏度、准确度、精密度。

本文件适用于水产养殖水体(淡水、海水、养殖用水和排放水)中氨氮的测定。其他水体可参照执行。

2　规范性引用文件

下列文件中的内容通过文中的规范性引用而构成本文件必不可少的条款。其中,注日期的引用文件,仅该日期对应的版本适用于本文件;不注日期的引用文件,其最新版本(包括所有的修改单)适用于本文件。

HJ/T 195　水质氨氮的测定　气相分子吸收光谱法

HJ 535　水质氨氮的测定　纳氏试剂分光光度法

3　术语和定义

下列术语和定义适用于本文件。

3.1

气相分子吸收光谱法　gas-phase molecular absorption spectrometry method

在规定的分析条件下,将待测成分转变成气体分子载入测量系统,测定其对特征光谱吸收的方法。

3.2

氨氮　ammonia-nitrogen

水中以游离氨(NH_3)和铵离子(NH_4^+)形式存在的氮。

4　方法原理

水样在除去亚硝酸盐等干扰后,用次溴酸盐氧化剂将氨及铵盐氧化成等量亚硝酸盐,在盐酸介质中,加入无水乙醇作催化剂,将亚硝酸盐转化成 NO_2,用载气载入气相分子吸收光谱仪中,测得的吸光度与 NO_2浓度遵守朗伯比尔定律。

5　试剂与材料

5.1　试剂

5.1.1　无氨水:按照按 HJ 535 规定的方法制备,现用现配。

5.1.2　轻质氧化镁(MgO):在 500 ℃下加热 2 h,以除去碳酸盐,保存在干燥器中。

5.1.3　盐酸(HCl):ρ=1.18 g/mL,优级纯。

5.1.4　无水乙醇(CH_3CH_2OH):优级纯。

5.1.5　氯化铵(NH_4Cl):优级纯,在 100 ℃下加热 2 h,保存在干燥器中。

5.1.6　氢氧化钠(NaOH):优级纯。

5.1.7　硫酸(H_2SO_4):分析纯。

5.1.8　溴酸钾($KBrO_3$):优级纯。

5.1.9　溴化钾(KBr):优级纯。

5.1.10　硼酸(H_3BO_3):分析纯。

5.1.11　溴百里酚蓝($C_{27}H_{28}Br_2O_5S$):分析纯。

5.2 溶液配制

5.2.1 盐酸溶液：$c(HCl)=6$ mol/L。取 500 mL 盐酸(5.1.3)于 1 000 mL 容量瓶中，用无氨水稀释至标线，有效期 90 d。

5.2.2 盐酸溶液：$c(HCl)=1$ mol/L。取 10 mL 盐酸溶液(5.2.1)，用无氨水稀释至 60 mL，现用现配。

5.2.3 载流液：于 1 L 试剂瓶中，加入 500 mL 盐酸溶液(5.2.1)和 150 mL 无水乙醇(5.1.4)与 350 mL 无氨水，密塞，充分混合并放气 3 次。0 ℃～4 ℃密闭保存，有效期 30 d。

5.2.4 氢氧化钠溶液：$\rho(NaOH)=400$ g/L。称取 80.0 g 氢氧化钠(5.1.6)置于 500 mL 烧杯中，加入 190 mL 无氨水，不断搅拌直至溶解，冷却至室温，用无氨水稀释至 200 mL，转移至聚乙烯瓶中密闭常温保存。

5.2.5 氢氧化钠溶液：$\rho(NaOH)=40$ g/L。取 10 mL 氢氧化钠溶液(5.2.4)，用无氨水稀释至 100 mL。

5.2.6 溴酸盐混合液：称取 2.80 g 溴酸钾(5.1.8)及 20.0 g 溴化钾(5.1.9)至 1 L 烧杯中，加入 500 mL 无氨水搅拌均匀，于具塞棕色玻璃瓶中 0 ℃～4 ℃避光保存，有效期 90 d。

5.2.7 次溴酸盐氧化剂：吸取 3.0 mL 溴酸盐混合液(5.2.6)及 6.0 mL 盐酸溶液(5.2.1)于已添加 100 mL无氨水的 250 mL 棕色瓶中，立即密塞静置，避光放置 5 min，加入 100 mL 氢氧化钠溶液(5.2.4)充分摇匀，待小气泡逸尽后使用。配制时，室温需控制在 18 ℃～28 ℃，现用现配。

5.2.8 硼酸溶液：$\rho(H_3BO_3)=20$ g/L。称取 20.0 g 硼酸(5.1.10)溶于适量无氨水中，并用无氨水稀释至 1 L。

5.2.9 溴百里酚蓝指示剂：$\rho(C_{27}H_{28}Br_2O_5S)=0.5$ g/L。称取 0.05 g 溴百里酚蓝(5.1.11)溶于 50 mL 无氨水中，加入 10 mL 无水乙醇(5.1.4)，用无氨水稀释至 100 mL。

5.3 标准溶液的配制

5.3.1 氨氮标准储备液：$\rho=1\,000.0$ mg/L。称取 3.819 0 g 氯化铵(5.1.5)溶于无氨水中，移入1 000 mL容量瓶中，用无氨水稀释至标线并混匀，0 ℃～4 ℃避光密闭保存于棕色玻璃瓶中，有效期 30 d。也可直接购买氨氮溶液标准物质。

5.3.2 氨氮标准使用液：$\rho=2.00$ mg/L。准确移取氨氮标准储备液(5.3.1)1.00 mL，用无氨水稀释定容至 500 mL，配制成浓度为 2.00 mg/L 的氨氮标准使用液，现用现配。

6 仪器和设备

6.1 气相分子吸收光谱仪。

6.2 分析天平：感量 0.000 1 g 和 0.01 g 分析天平各一台。

6.3 超纯水机：电导率＜0.1 μS/cm。

6.4 氨氮蒸馏装置：由 500 mL 凯氏烧瓶、氮球、直形冷凝管和导管组成，冷凝管末端可连接一段适当长度的滴管，使出口尖端浸入吸收液液面下，装置见图 A.1。

6.5 一般实验室常用器皿和设备。试验中所用的玻璃器皿应用盐酸溶液(5.2.1)浸泡，用自来水冲洗，再用无氨水冲洗干净后使用。

7 样品采集和保存

样品按 HJ/T 195 规定的方法采集，采集后加硫酸(5.1.7)至 pH＜2，0 ℃～4 ℃密闭保存，7 d 内测定。

8 干扰和消除

8.1 NO_2^-、SO_3^{2-}、$S_2O_3^{2-}$ 和硫化物等干扰的消除

使用仪器“氨氮消除亚氮干扰”功能，消除样品中 NO_2^-、SO_3^{2-}、$S_2O_3^{2-}$ 和硫化物干扰。或者在 500 mL 水样中加入 1 mL 盐酸溶液(5.2.1)及 0.2 mL 无水乙醇(5.1.4)，加热煮沸 2 min～3 min，以消除 NO_2^-、

SO_3^{2-}、$S_2O_3^{2-}$和硫化物干扰。在酸性条件下，经过煮沸方法预处理的水样，须加氢氧化钠溶液(5.2.5)，调节水样至中性再进行测定。

8.2 其他干扰的消除

若样品中存在I^-、SCN^-或可被次溴酸盐氧化成亚硝酸盐的有机胺时，须用预蒸馏法处理。将50 mL硼酸溶液(5.2.8)移入接收瓶内，确保冷凝管出口在硼酸溶液液面以下。移取250 mL水样至烧瓶中，加入2滴溴百里酚蓝指示剂(5.2.9)，用氢氧化钠溶液(5.2.5)或盐酸溶液(5.2.2)调节pH至6.0(指示剂呈黄色)～7.4(指示剂呈蓝色)，加入0.25 g轻质氧化镁(5.1.2)及玻璃珠，连接氮球和冷凝管。加热，使馏出液速率约为10 mL/min，待馏出液达200 mL时，停止蒸馏，加无氨水定容至250 mL。经蒸馏处理的水样，须加氢氧化钠溶液(5.2.5)调节水样至中性再进行测定。

9 测定

9.1 仪器条件

9.1.1 光源：氘灯光源或其他能提供波长为213.9 nm的稳定光源。

9.1.2 测定波长：213.9 nm。

9.1.3 测定方式：峰高或峰面积。

9.1.4 载气：空气或其他适合的气体。

9.1.5 载气流量：0.4 L/min。

9.2 仪器测量前准备

仪器开机后预热15 min(可根据仪器实际情况进行调整)，同时将仪器管路置于试验水中，清洗管路2次，待仪器吸光度基线稳定后，进行测定。

9.3 校准曲线的绘制

9.3.1 自动稀释标准溶液法校准曲线的绘制

使用氨氮标准使用液(5.3.2)放置于自动进样器的进样盘上，将无氨水接入气相分子吸收光谱仪的稀释液接口，将载流液(5.2.3)和次溴酸盐氧化剂(5.2.7)分别接入气相分子吸收光谱仪的载流液和氧化剂接口。设置好标样测试参数后，启动测试。自动进样器吸取氨氮标准使用液(5.3.2)和无氨水，自动稀释为浓度为0.00 mg/L、0.100 mg/L、0.200 mg/L、0.500 mg/L、1.00 mg/L和2.00 mg/L的标准溶液或其他浓度，泵入气相分子吸收光谱仪测定吸光度，以吸光度为纵坐标、相对应的氨氮浓度为横坐标，绘制出校准曲线，求回归方程和相关系数。

9.3.2 手动配制标准溶液法校准曲线的绘制

对氨氮标准使用液(5.3.2)进行稀释，准确配制浓度为0.00 mg/L、0.020 0 mg/L、0.050 0 mg/L、0.100 mg/L、0.500 mg/L和1.00 mg/L的标准溶液或其他适合的浓度，取该系列氨氮标准溶液、无氨水放置于自动进样器的进样盘上。将无氨水接入气相分子吸收光谱仪的稀释接口，将载流液(5.2.3)和次溴酸盐氧化剂(5.2.7)分别接入气相分子吸收光谱仪的载流液和氧化剂接口。设置好标样测试参数，启动测试，自动进样器吸取各浓度氨氮标准溶液，泵入气相分子吸收光谱仪测定各标样的吸光度，以吸光度为纵坐标、相对应的氨氮浓度为横坐标，绘制出校准曲线，求回归方程和相关系数。

9.4 样品的测定

将水样或经预蒸馏的水样摇匀，取40 mL中层液体放置在自动进样器的进样盘上，进行样品的测定。若样品中氨氮含量超出校准曲线线性范围，使用仪器自动稀释或者手动稀释样品的方式，重新上机测定。在测定过程中，若测定了较高浓度的样品，应进行管路清洗后再测定后续样品，避免交叉污染。

9.5 空白试验

用同批次无氨水代替样品，按照9.4的步骤进行空白试验。

10 结果计算

样品中氨氮的含量以质量浓度ρ表示(以N计)，结果按公式(1)进行计算。计算结果以相同条件下获得的 2 次独立测定结果的算术平均值表示，保留 3 位有效数字。

$$\rho = f \times \rho_i \quad (1)$$

式中：

ρ ——样品中氨氮质量浓度的数值(以 N 计)，单位为毫克每升(mg/L)；

f ——稀释倍数；

ρ_i ——按校准曲线法计算的氨氮质量浓度的数值，单位为毫克每升(mg/L)。

11 灵敏度、准确度和精密度

11.1 检出限和定量限

方法的检出限为 0.006 mg/L，定量限为 0.024 mg/L。

11.2 准确度

每批样品至少检测一个有证标准物质，检测结果应在有证标准物质的标准值(扩展不确定度)范围以内(见表 B.1)。水样中添加浓度为 0.100 mg/L～16.0 mg/L 时，回收率为 90%～110%(见表 B.2 和表 B.3)。

11.3 精密度

2 次独立测定结果的绝对差值不大于其算术平均值的 5%。

附　录　A
（资料性）
蒸　馏　装　置

蒸馏装置示意图见图 A.1。

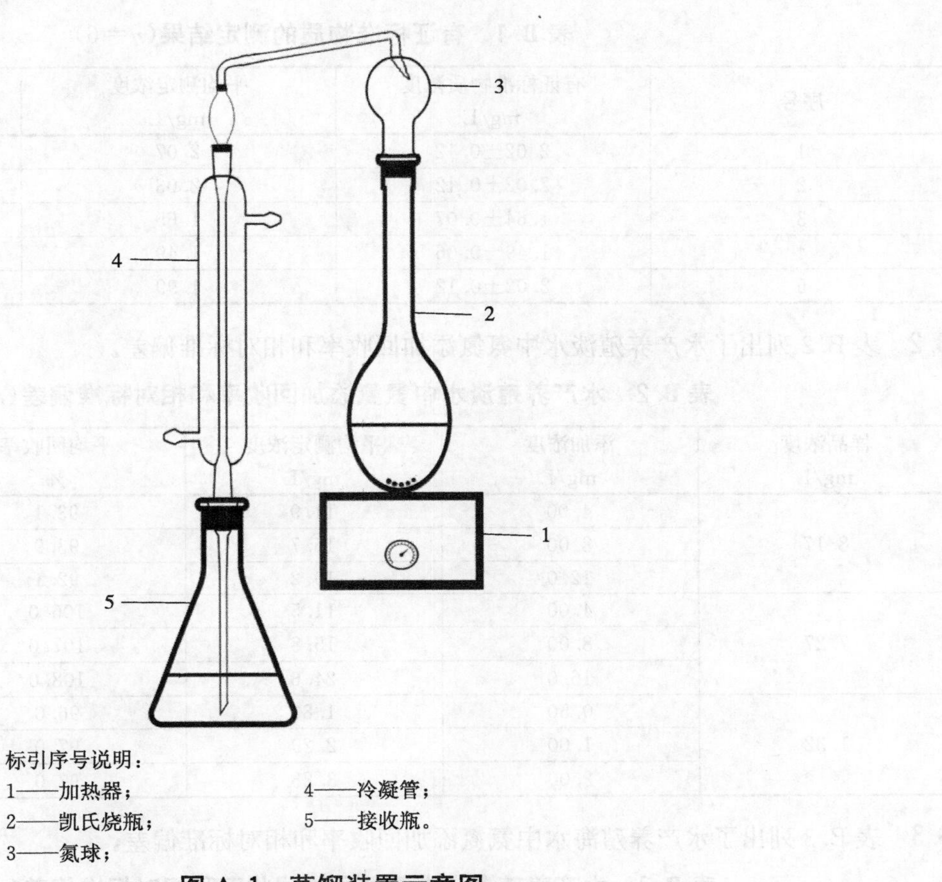

图 A.1　蒸馏装置示意图

附 录 B
（资料性）
准 确 度

B.1 表B.1列出了有证标准物质的测定结果。

表B.1 有证标准物质的测定结果（n=6）

序号	有证标准物质浓度 mg/L	平均测定浓度 mg/L	相对标准偏差 %
1	2.02±0.12	2.07	1.38
2	2.02±0.12	2.03	0.56
3	1.64±0.07	1.65	0.44
4	1.49±0.06	1.49	1.28
5	2.02±0.12	1.99	0.44

B.2 表B.2列出了水产养殖淡水中氨氮添加回收率和相对标准偏差。

表B.2 水产养殖淡水中氨氮添加回收率和相对标准偏差（n=6）

样品浓度 mg/L	添加浓度 mg/L	平均测定浓度 mg/L	平均回收率 %	相对标准偏差 %
8.17	4.00	11.9	93.1	0.45
	8.00	15.7	93.9	0.36
	12.0	19.2	92.1	0.78
7.27	4.00	11.5	106.0	2.04
	8.00	15.8	107.0	1.24
	16.0	24.6	108.0	0.29
1.32	0.50	1.80	96.0	0.097
	1.00	2.29	97.0	0.97
	2.00	3.26	97.0	2.29

B.3 表B.3列出了水产养殖海水中氨氮添加回收率和相对标准偏差。

表B.3 水产养殖海水中氨氮添加回收率和相对标准偏差（n=6）

样品浓度 mg/L	添加浓度 mg/L	平均测定浓度 mg/L	平均回收率 %	相对标准偏差 %
9.30	4.00	13.1	95.5	1.92
	8.00	16.8	93.8	1.71
	10.0	18.9	96.4	1.32
0.140	0.100	0.230	90.0	2.23
	0.200	0.344	102.0	0.73
	0.500	0.633	98.6	0.62
1.77	1.00	2.81	104.0	1.99
	2.00	3.77	100.0	2.38
	4.00	5.75	99.5	1.47

ICS 65.150
CCS B 50

中华人民共和国水产行业标准

SC/T 9446—2023

海水鱼类增殖放流效果评估技术规范

Technical specification for stock enhancement assessment on marine fish

2023-12-22 发布　　2024-05-01 实施

中华人民共和国农业农村部　发布

前　言

本文件按照 GB/T 1.1—2020《标准化工作导则　第 1 部分：标准化文件的结构和起草规则》的规定起草。

请注意本文件的某些内容可能涉及专利。本文件的发布机构不承担识别专利的责任。

本文件由农业农村部渔业渔政管理局提出。

本文件由全国水产标准化技术委员会渔业资源分技术委员会(SAC/TC 156/SC 10)归口。

本文件起草单位：中国水产科学研究院黄海水产研究所、中国水产科学研究院北戴河中心实验站、中国水产科学研究院下营增殖实验站。

本文件主要起草人：王俊、牛明香、司飞、林群、黄经献、吴强、左涛、李忠义、袁伟、孙朝徽。

海水鱼类增殖放流效果评估技术规范

1 范围

本文件界定了海水鱼类增殖放流效果评估的术语和定义，规定了评估方案、调查方法、评价指标、效果判定和报告编制等技术要求；描述了对应的证实方法。

本文件适用于放流的主要海水鱼类的区域性增殖放流效果评估。

2 规范性引用文件

下列文件中的内容通过文中的规范性引用而构成本文件必不可少的条款。其中，注日期的引用文件，仅该日期对应的版本适用于本文件；不注日期的引用文件，其最新版本（包括所有的修改单）适用于本文件。

GB/T 18654.15 养殖鱼类种质检验 第15部分：RAPD分析

GB/T 34748 水产种质资源基因组DNA微卫星分析

NY/T 1898 畜禽线粒体DNA遗传多样性检测技术规程

SC/T 9401 水生生物增殖放流技术规程

SC/T 9403 海洋渔业资源调查规范

SC/T 9437 水生生物增殖放流技术规范 名词术语

3 术语和定义

SC/T 9401、SC/T 9437界定的以及下列术语和定义适用于本文件。

3.1

增殖放流 enhancement release

采用放流、底播、移植等人工方式，向海洋、江河、湖泊、水库等公共水域投放苗种、亲体等活体水生生物的活动。

［来源：SC/T 9437—2020，2.5］

3.2

本底调查 background survey

为合理选划适宜增殖放流水域、筛选适宜增殖放流种类、确定合理增殖放流数量和评估增殖放流效果等，在增殖放流前的一段时间内，对拟增殖放流区及其周围水域进行的生物与环境调查。

［来源：SC/T 9437—2020，8.1］

3.3

跟踪调查 tracking survey

增殖放流结束后，对增殖放流对象的生长、分布及数量等变动情况进行持续的跟踪监测以及记录的调查活动。

［来源：SC/T 9437—2020，8.2］

3.4

回捕 recapture

增殖放流的水生生物经一段时间后被捕捞的过程。

［来源：SC/T 9437—2020，8.5］

3.5

标记率 mark rate

标志率 mark rate

某水域内，增殖放流的某水生生物，标记的个体数量占总放流数量的百分比。

3.6

直接投入产出比 direct input-output ratio

增殖放流水生生物苗种的经济投入与回捕的经济收入之比。

[来源:SC/T 9437—2020,8.8]

4 评估方案

4.1 方案设计

根据任务要求编制评估方案,包括评估内容、调查及样品分析方法、评价指标计算、效果判定等。

4.2 评估内容

评估内容框架见图1。

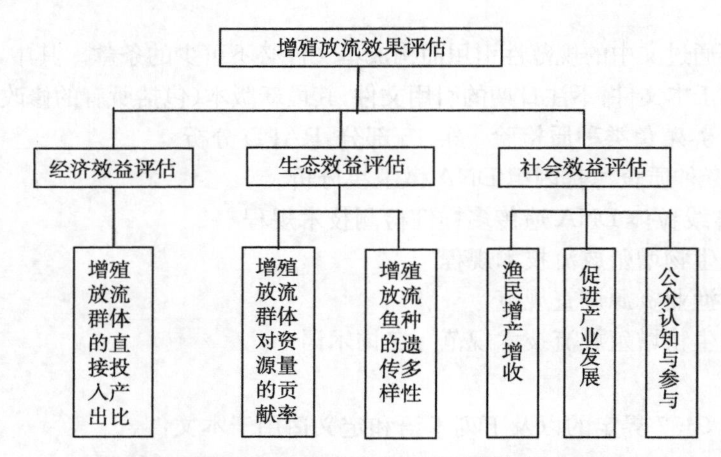

图1 海水鱼类增殖放流效果评估技术内容框架

4.3 评估方法

根据评估内容和评估指标确定评估方法,包括调查方法、指标计算和效果判定方法等。

4.4 评估周期

评估周期原则上不少于一周年。

4.5 一致性要求

在同一调查项目中,应保证不同调查航次的区域范围、站位设置、使用的船只、网具以及样品测定、数据统计等的一致;应保证发放的所有调查问卷内容一致。

5 调查方法

5.1 增殖放流群体资源调查

5.1.1 调查区域

包括增殖物种的放流区域及周边一定范围内的自然分布区。

5.1.2 站位设置

一般按照经纬度15′×15′设置调查站位,具体可根据调查区域大小适当调整;对于岛礁、港湾、河口等复杂海域,应从水深、流速、水温等要素的等值线考虑增设站位;在增殖放流点周边水域、产卵场、索饵场等区域宜增设调查站位。

5.1.3 调查次数

增殖放流前1个月内进行1次本底调查;增殖放流1个月后开始进行跟踪调查,一周年内不少于2次。

5.1.4 资源调查

按SC/T 9403给出的方法和要求,对增殖放流群体资源进行调查和样品采集,按附录A中的A.1填写记录。

5.1.5 样品分析

样品分析包括以下 3 个方面：

a) 标记识别检测：

1) 对于体表标记的个体，渔获物中增殖放流物种全部肉眼观察，进行识别；

2) 对于体内标记的个体，每航次调查随机留取不少于 100 尾（不足 100 尾时全部留取），进行仪器检测。

b) 基础生物学测定：

1) 渔获物中增殖放流物种超过 50 尾时，随机取 50 尾进行体长、体重、年龄等测定，按附录 A.2 填写记录；

2) 渔获物中增殖放流物种不足 50 尾时，全部测定，按 A.2 填写记录。

c) 遗传多样性分析：渔获物中收集 30 尾样本（可使用生物学测定后的样品），按 GB/T 18654.15 规定的方法提取基因组 DNA，具体分析方法如下：

1) 线粒体 DNA 分析可选择合适的片段，使用通用或特异引物进行 PCR 扩增，测序获得序列信息。实验步骤按 NY/T 1898 的规定执行。

2) 微卫星标记引物选择、要求和实验方法按 GB/T 34748 的规定执行。

5.2 渔产量统计

统计评估周期内增殖放流鱼种的捕捞产量，通过以下 2 种方法中的任意一种进行：

a) 对渔业生产船只进行抽样调查，按渔业生产渔船的比例换算增殖放流鱼种的总捕捞产量；

b) 通过渔业主管部门，对增殖物种放流区域及周边一定范围内的自然分布区的增殖放流鱼种的捕捞产量进行统计。

5.3 问卷调查

向渔船、渔业协会或渔业合作社、渔业主管部门、海钓协会等工作人员发放调查表，收集相关数据和资料。调查评估周期宜为评价开始之前的 3 年，至少为 1 年。问卷宜满足以下条件：

a) 发放数量：调查表的发放数量不少于 100 份，其中从事捕捞的渔民不少于 50%，渔业协会或渔业合作社的工作人员不超过 20%，渔业主管部门的工作人员不超过 20%，海钓协会和其他部门的工作人员不超过 10%，调查问卷发放记录表见附录 B 中的 B.1；

b) 填表要求：参与调查人员应客观真实填写，调查问卷见 B.2。

6 评价指标

6.1 标记率

按公式(1)计算增殖放流群体的标记率。

$$r = \frac{n}{N} \times 100 \quad (1)$$

式中：

r ——标记率的数值，单位为百分号（%）；

n ——增殖放流群体中标记的尾数，单位为尾；

N ——增殖放流群体的总尾数，单位为尾。

6.2 增殖放流群体对资源量的数量贡献率

按公式(2)计算增殖放流群体对资源量的数量贡献率。

$$R_n = \frac{Q_m}{Q_t r} \times 100 \quad (2)$$

式中：

R_n ——增殖放流群体对资源量数量贡献率的数值，单位为百分号（%）；

Q_m ——渔获物中放流鱼种标记的数量，单位为尾；

Q_t ——渔获物中放流鱼种的总数量，单位为尾；

r ——标记率的数值,单位为百分号(%)。

6.3 增殖放流群体对资源量的重量贡献率

按公式(3)计算增殖放流群体对资源量的重量贡献率。

$$R_w = \frac{Q_m \cdot W_m}{Q_t \cdot W_t \cdot r} \times 100 \tag{3}$$

式中:

R_w ——增殖放流群体对资源量重量贡献率的数值,单位为百分号(%);

Q_m ——渔获物中放流鱼种标记的数量,单位为尾;

W_m ——渔获物中放流鱼种标记个体平均体重的数值,单位为克(g);

Q_t ——渔获物中放流鱼种的总数量,单位为尾;

W_t ——渔获物种放流鱼种总平均体重的数值,单位为克(g);

r ——标记率的数值,单位为百分号(%)。

6.4 增殖放流鱼种的总捕捞产量

增殖放流鱼种评估周期内的总捕捞产量可通过以下2种方式获取:

a) 通过渔业主管部门进行收集汇总;

b) 通过对渔业生产船只抽样调查进行总捕捞产量换算,换算按公式(4)进行。

$$Y = \sum_1^n \frac{Y_i}{P_i} \tag{4}$$

式中:

Y ——增殖放流鱼种总捕捞产量的数值,单位为千克(kg);

Y_i ——第 i 种作业类型的抽样渔业生产船产量的数值,单位为千克(kg);

P_i ——第 i 种作业类型的抽样渔业生产船占同类型作业船只比例的数值,单位为百分号(%);

n ——作业类型数量。

6.5 增殖放流群体的捕捞产值

按公式(5)计算增殖放流群体的捕捞产值。

$$V = Y \cdot R_w \cdot P \tag{5}$$

V ——增殖放流群体捕捞产值的数值,单位为元;

Y ——增殖放流鱼种总捕捞产量的数值,单位为千克(kg);

R_w ——渔获物中增殖放流群体对资源量重量贡献率的数值,单位为百分号(%);

P ——放流鱼种的当年价格,单位为元每千克(元/kg)。

6.6 直接投入产出比

按公式(6)计算增殖放流群体的直接投入产出比。

$$X = \frac{C}{V} \tag{6}$$

X ——直接投入产出比;

C ——增殖放流群体苗种经济投入的数值,单位为元;

V ——增殖放流群体的捕捞产值的数值,单位为元。

6.7 线粒体 DNA 遗传多样性

线粒体 DNA 遗传多样性指标计算按 NY/T 1898 的规定执行。

6.8 微卫星 DNA 遗传多样性

微卫星 DNA 遗传多样性指标计算按 GB/T 34748 的规定执行。

6.9 社会效益评价值

按公式(7)计算调查项各类别的社会效益评价值。

$$e = \sum_{i=1}^N \frac{(x_{i1} + x_{i2} + \cdots + x_{in})\, w_i}{n} \tag{7}$$

式中：

e ——各类别的社会效益评价值；

x_i ——某一类别中条目 i 的评价结果赋值；

w_i——各类别具体条目 i 的权重值；

n ——回收的有效调查问卷数量；

N ——某一类别中的条目数。

按公式(8)计算调查项总的社会效益评价值：

$$E = \sum_{j=1}^{M} e_j W_j \quad \cdots\cdots (8)$$

式中：

E ——调查项总的社会效益评价值；

e_j ——类别 j 的社会效益评价值；

W_j ——类别 j 的权重值；

M ——总类别数。

7 效果判定

7.1 经济效益

经济效益，以增殖放流群体的直接投入产出比(X)(6.6)进行效果判定：

a) $X<1$，正经济效益，值越小，效益越好；

b) $X=1$，没有经济效益；

c) $X>1$，负经济效益(亏损)，值越大，亏损越大。

7.2 生态效益

7.2.1 贡献率评估

增殖放流群体对资源量的数量贡献率 R_n (6.2)或重量贡献率 R_w (6.3)效果判定如下：

a) R_n 或 $R_w>0$，有生态效益，值越大，效益越好；

b) R_n 或 $R_w=0$，没有生态效益。

7.2.2 遗传多样性评估

每5年评估一次，第一次调查作为增殖放流物种的遗传多样性基础背景，不进行评估；自第二次调查开始，根据任务要求与前期的调查结果进行对比分析，评估遗传多样性状况。

7.3 社会效益

社会效益，以调查问卷统计结果进行评价：

a) 对各调查项各条目的评价结果赋值，“选项A”赋值1，“选项B”赋值0.75，“选项C”赋值0.5，“选项D”赋值0.25，“选项E”赋值0；

b) 通过专家对选取的调查项各类别各条目进行判断，明确各项的相对重要性，分别确定调查项各类别各条目的权重值 w_i 或 W_j ；

c) 计算社会效益评价值，按以下评价标准确定社会效益效果判定：

1) $0<E(e)\leqslant 0.25$，没有效果或效果较差；

2) $0.25<E(e)\leqslant 0.5$，效果一般；

3) $0.5<E(e)\leqslant 0.75$，效果良好；

4) $0.75<E(e)\leqslant 1$，效果显著。

8 报告编制

增殖放流效果评估报告，包括封面、目录、摘要、正文、总体评价、问题与建议。其中，正文包含项目概况、评估方法、调查方法、样品分析、评价指标计算、效果判定等。报告编制提纲见附录C。

附 录 A
（规范性）
记录(分析)表

A.1 调查取样记录本

见表 A.1。

表 A.1 调查取样记录本

海区________ 船名________ 航次________ 站号________ 调查号次________ 日期________

风向________ 风力________ 天气________ 气温________

放网时间________时________分 经度________ 纬度________ 深度________m

起网时间________时________分 经度________ 纬度________ 深度________m

渔具类型________ 拖网时间________ 总渔获量________kg

种名	重量 g	尾数 尾	取样比例	长度范围 mm	体重范围 g	备注

观测人:________ 记录人:________ 校对人:________

A.2　基础生物学测定记录本

见表 A.2。

表 A.2　基础生物学测定记录本

<table>
<tr><td colspan="11">放流种类：</td></tr>
<tr><td colspan="2">采样站点</td><td colspan="2"></td><td colspan="2">采样日期</td><td colspan="2"></td><td>渔船编号</td><td colspan="2"></td></tr>
<tr><td colspan="2">渔具</td><td colspan="2"></td><td colspan="2">总渔获量
kg</td><td colspan="2"></td><td>样品量
kg</td><td colspan="2"></td></tr>
<tr><td rowspan="2">序号</td><td colspan="2">长度
mm</td><td colspan="2">重量
g</td><td colspan="2">性别</td><td rowspan="2">性腺成熟度</td><td rowspan="2">摄食强度</td><td rowspan="2">年龄</td><td rowspan="2">备注</td></tr>
<tr><td>全长</td><td>体长</td><td>体重</td><td>纯重</td><td>♀</td><td>♂</td></tr>
<tr><td></td><td></td><td></td><td></td><td></td><td></td><td></td><td></td><td></td><td></td><td></td></tr>
<tr><td></td><td></td><td></td><td></td><td></td><td></td><td></td><td></td><td></td><td></td><td></td></tr>
<tr><td></td><td></td><td></td><td></td><td></td><td></td><td></td><td></td><td></td><td></td><td></td></tr>
<tr><td></td><td></td><td></td><td></td><td></td><td></td><td></td><td></td><td></td><td></td><td></td></tr>
<tr><td></td><td></td><td></td><td></td><td></td><td></td><td></td><td></td><td></td><td></td><td></td></tr>
<tr><td></td><td></td><td></td><td></td><td></td><td></td><td></td><td></td><td></td><td></td><td></td></tr>
<tr><td></td><td></td><td></td><td></td><td></td><td></td><td></td><td></td><td></td><td></td><td></td></tr>
<tr><td></td><td></td><td></td><td></td><td></td><td></td><td></td><td></td><td></td><td></td><td></td></tr>
<tr><td></td><td></td><td></td><td></td><td></td><td></td><td></td><td></td><td></td><td></td><td></td></tr>
<tr><td></td><td></td><td></td><td></td><td></td><td></td><td></td><td></td><td></td><td></td><td></td></tr>
<tr><td></td><td></td><td></td><td></td><td></td><td></td><td></td><td></td><td></td><td></td><td></td></tr>
<tr><td></td><td></td><td></td><td></td><td></td><td></td><td></td><td></td><td></td><td></td><td></td></tr>
<tr><td></td><td></td><td></td><td></td><td></td><td></td><td></td><td></td><td></td><td></td><td></td></tr>
<tr><td></td><td></td><td></td><td></td><td></td><td></td><td></td><td></td><td></td><td></td><td></td></tr>
<tr><td></td><td></td><td></td><td></td><td></td><td></td><td></td><td></td><td></td><td></td><td></td></tr>
<tr><td></td><td></td><td></td><td></td><td></td><td></td><td></td><td></td><td></td><td></td><td></td></tr>
<tr><td></td><td></td><td></td><td></td><td></td><td></td><td></td><td></td><td></td><td></td><td></td></tr>
<tr><td></td><td></td><td></td><td></td><td></td><td></td><td></td><td></td><td></td><td></td><td></td></tr>
<tr><td></td><td></td><td></td><td></td><td></td><td></td><td></td><td></td><td></td><td></td><td></td></tr>
<tr><td></td><td></td><td></td><td></td><td></td><td></td><td></td><td></td><td></td><td></td><td></td></tr>
<tr><td></td><td></td><td></td><td></td><td></td><td></td><td></td><td></td><td></td><td></td><td></td></tr>
<tr><td></td><td></td><td></td><td></td><td></td><td></td><td></td><td></td><td></td><td></td><td></td></tr>
<tr><td></td><td></td><td></td><td></td><td></td><td></td><td></td><td></td><td></td><td></td><td></td></tr>
<tr><td></td><td></td><td></td><td></td><td></td><td></td><td></td><td></td><td></td><td></td><td></td></tr>
<tr><td></td><td></td><td></td><td></td><td></td><td></td><td></td><td></td><td></td><td></td><td></td></tr>
<tr><td></td><td></td><td></td><td></td><td></td><td></td><td></td><td></td><td></td><td></td><td></td></tr>
</table>

观测人：__________　　记录人：__________　　校对人：__________

附 录 B
（资料性）
增殖放流问卷调查表

B.1 调查问卷发放记录表

见表B.1。

表B.1 调查问卷发放记录表

发放日期	发放地点	发放数量	渔民		渔协/合作社		主管部门		海豹协会/其他	
			数量	比例	数量	比例	数量	比例	数量	比例

调查人员：________　　记录人：________　　校对人：________

B.2 增殖放流调查问卷

见表 B.2。

表 B.2 增殖放流调查问卷

填报地点		填报日期				
职业/部门		从事本职业工龄		年龄		
类别	条目	选项				
渔民增产增收	渔民捕捞增殖放流群体的产量	A. 产量显著增加	B. 产量明显增加	C. 产量有增加但不明显	D.不清楚	E. 没有增加
	渔民捕捞增殖放流群体的产值	A. 产值显著增加	B. 产值明显增加	C. 产值有增加但不明显	D. 不清楚	E. 没有增加
促进产业发展	对海水鱼类种业发展的作用	A. 推动作用显著	B. 推动作用明显	C. 有推动作用但不大	D. 不清楚	E. 没有推动作用
	对休闲渔业发展的作用	A. 作用显著	B. 作用明显	C. 有作用但不大	D. 不清楚	E. 没有作用
公众认知与参与	公众对渔业资源增殖放流的支持	A. 非常支持	B. 明显支持	C. 支持	D. 不清楚	E. 效果较差
	公众对渔业资源环境的保护意识	A. 显著提供	B. 明显提高	C. 有提高但不明显	D. 不清楚	E. 没有提高
	对国家相关渔业政策宣贯的作用	A. 效果显著	B. 效果良好	C. 效果一般	D. 不清楚	E. 没有效果
注: 以上类别及条目为必选,在 A、B、C、D、E 中只能选一项;为取得更好调研结果,可根据任务目标增加类别及条目。						

调查人员:__________ 记录人:__________ 校对人:__________

附　录　C
（资料性）
增殖放流效果评估报告编制提纲

C.1　封面

C.1.1　题目:××××××海域××××增殖放流效果评估报告
C.1.2　承担单位:单位名称
C.1.3　评估人员:×××××××,×××××××,×××××××,×××××××,×××××××
C.1.4　完成日期:××××年××月××日

C.2　目录

C.3　摘要

C.4　报告正文

C.4.1　项目概况
C.4.1.1　项目位置及范围
C.4.1.2　增殖放流情况
C.4.1.3　评估内容及要求
C.4.2　评估方法
C.4.3　调查方法
C.4.4　样品分析
C.4.5　评价指标计算
C.4.6　效果判定
C.4.6.1　经济效益
C.4.6.2　生态效益
C.4.6.3　社会效益

C.5　总体评价

C.6　问题与建议

ICS 65.150
CCS B 50

中华人民共和国水产行业标准

SC/T 9447—2023

水产养殖环境（水体、底泥）中丁香酚的测定 气相色谱-串联质谱法

Determination of eugenol in water and sediment from aquaculture by gas chromatography–tandem mass spectrometry

2023-12-22 发布　　　　2024-05-01 实施

中华人民共和国农业农村部　发布

前　言

本文件按照 GB/T 1.1—2020《标准化工作导则　第 1 部分:标准化文件的结构和起草规则》的规定起草。

本文件由农业农村部渔业渔政管理局提出。

本文件由全国水产标准化技术委员会渔业资源分技术委员会(SAC/TC 156/SC 10)归口。

本文件起草单位:中国水产科学研究院南海水产研究所、中国水产科学研究院淡水渔业研究中心、中国水产科学研究院、广东开放大学。

本文件主要起草人:柯常亮、黄珂、李纯厚、刘奇、王强、肖雅元、赵东豪、宋超、孙志伟、李晋成、金晓石。

水产养殖环境(水体、底泥)中丁香酚的测定 气相色谱-串联质谱法

1 范围

本文件描述了气相色谱-串联质谱法测定水产养殖环境中丁香酚残留量的原理,给出了测定所需的试剂和材料、仪器和设备,规定了测定与分析步骤、结果计算和检测方法灵敏度、准确度、精密度。

本文件适用于水产养殖环境(水体、底泥)中丁香酚残留量的测定。

2 规范性引用文件

下列文件中的内容通过文中的规范性引用而构成本文件必不可少的条款。其中,注日期的引用文件,仅该日期对应的版本适用于本文件;不注日期的引用文件,其最新版本(包括所有的修改单)适用于本文件。

GB/T 6682 分析实验室用水规格和试验方法

GB 17378.5 海洋监测规范 第5部分:沉积物分析

SC/T 9102.2 渔业生态环境监测规范 第2部分:海洋

SC/T 9102.3 渔业生态环境监测规范 第3部分:淡水

3 术语和定义

本文件没有需要界定的术语和定义。

4 原理

试样中残留的丁香酚经正己烷提取,固相萃取柱净化,气相色谱-串联质谱法测定,内标法定量。

5 试剂和材料

5.1 试剂

5.1.1 实验用水为符合 GB/T 6682 规定的一级水。

5.1.2 正己烷(C_6H_{14}):色谱纯。

5.1.3 乙酸乙酯($CH_3COOCH_2CH_3$):色谱纯。

5.1.4 丙酮(CH_3COCH_3):色谱纯。

5.1.5 盐酸:$\rho(HCl)=1.19$ g/mL,优级纯。

5.1.6 无水硫酸钠(Na_2SO_4):优级纯,450 ℃烘烤 4 h,冷却后装入玻璃瓶中密封,于干燥器中保存备用。

5.2 溶液配制

盐酸溶液(1+5):取 50 mL 盐酸(5.1.5)慢慢加入 250 mL 实验用水(5.1.1)中。

5.3 标准品

5.3.1 丁香酚(Eugenol,$C_{10}H_{12}O_2$,CAS 号:97-53-0),含量≥99.0%。

5.3.2 氘代丁香酚(Eugenol-D_3,$C_{10}H_9D_3O_2$,CAS 号:1335401-17-6):含量≥99.0%。

5.4 标准溶液配制

5.4.1 标准储备液(100 mg/L):取 10 mg 丁香酚标准品(5.3.1),精密称定,用乙酸乙酯(5.1.3)溶解并定容于 100 mL 棕色容量瓶,配制成浓度为 100 mg/L 的丁香酚标准储备液,−18 ℃以下避光保存,有效期 3 个月。

5.4.2 内标储备液(100 mg/L):取 10 mg 氘代丁香酚标准品(5.3.2),精密称定,用乙酸乙酯(5.1.3)溶

解并定容于100 mL棕色容量瓶,配制成浓度为100 mg/L的内标储备液,−18 ℃以下避光保存,有效期3个月。

5.4.3 标准使用液(1.00 mg/L):准确量取1 mL丁香酚标准储备液(5.4.1)于100 mL棕色容量瓶中,用乙酸乙酯(5.1.3)定容,混匀,于4 ℃下避光保存,有效期1个月。

5.4.4 内标使用液(1.00 mg/L):准确量取1 mL内标储备液(5.4.2)于100 mL棕色容量瓶中,用乙酸乙酯(5.1.3)定容,混匀,于4 ℃下避光保存,有效期1个月。

5.5 材料

5.5.1 铜粉:纯度99.5%,使用前用盐酸溶液(5.2)去除铜粉表面的氧化物,用实验用水(5.1.1)冲洗除酸,再用丙酮(5.1.4)清洗,然后用氮吹仪(6.8)吹干待用。临用前处理,保持铜粉表面光亮。

5.5.2 苯基固相萃取柱:500 mg/3 mL,或相当者。

5.5.3 氨基固相萃取柱:500 mg/3 mL,或相当者。

6 仪器和设备

6.1 气相色谱三重四极杆串联质谱仪:配电子轰击离子源(EI源)。

6.2 分析天平:感量0.000 01 g和0.01 g。

6.3 涡旋混合器。

6.4 固相萃取装置,带真空泵。

6.5 低速冷冻离心机:转速≥5 000 r/min。

6.6 离心管:50 mL。

6.7 超声波振荡器:频率40 kHz。

6.8 氮吹仪。

6.9 玻璃纤维滤膜:孔径0.45 μm,在400 ℃烘烤1 h,冷却后储于磨口玻璃瓶中密封保存。

6.10 分液漏斗:100 mL。

7 样品采集与保存

海水养殖环境样品按照SC/T 9102.2的相关要求采集和保存,淡水养殖环境样品按照SC/T 9102.3的相关要求采集和保存。水样灌装时避免产生气泡和搅动,使水样充满棕色玻璃瓶,不留顶部空间。底泥样品剔除砾石和颗粒较大的动植物残骸于洁净磨口棕色玻璃瓶保存。运输过程中应密封、避光、4 ℃以下冷藏。底泥样品含水率按照GB 17378.5的规定执行。

8 测定步骤

8.1 提取

8.1.1 水样处理

水样经玻璃纤维滤膜(6.9)过滤后,量取100 mL水样于分液漏斗中,加入150 μL内标使用液(5.4.4),加入10 mL正己烷(5.1.2),充分振荡后,静置分层,取上层清液,重复提取一次,合并提取液,待净化。

8.1.2 底泥处理

称取已测定过含水率的底泥样品5 g(准确到±0.05 g)于离心管中,加入5 mL水,涡旋混合2 min后,加入150 μL内标使用液(5.4.4),混匀,加入5 mL正己烷(5.1.2)涡旋混合2 min,超声提取10 min,于离心机中4 ℃ 5 000 r/min离心5 min,取上清液。重复提取一次,合并提取液,于提取液中依次加入2 g无水硫酸钠(5.1.6)、2 g活化铜粉(5.5.1),涡旋混合1 min,待净化。如涡旋结束后铜粉变黑,增加铜粉的量,直至铜粉不变色。

8.2 净化

8.2.1 水样净化

取苯基固相萃取柱(5.5.2),用3 mL乙酸乙酯(5.1.3)过柱并确保流干,再加3 mL正己烷(5.1.2)过柱,保持柱头浸润。将水样提取液(8.1.1)加入固相萃取柱,待提取液全部流出后,用3 mL正己烷(5.1.2)淋洗,再用3 mL乙酸乙酯(5.1.3)洗脱并收集全部洗脱液,洗脱液用乙酸乙酯(5.1.3)定容至3.0 mL,供气相色谱串联质谱仪(6.1)测定。

8.2.2 底泥净化

取氨基固相萃取柱(5.5.3),用3 mL乙酸乙酯(5.1.3)过柱并确保流干,再加3 mL正己烷(5.1.2)过柱,保持柱头浸润。将底泥提取液(8.1.2)加入固相萃取柱,待提取液全部流出后,用3 mL正己烷(5.1.2)淋洗,再用3 mL乙酸乙酯(5.1.3)洗脱并收集全部洗脱液,洗脱液用乙酸乙酯(5.1.3)定容至3.0 mL,供气相色谱串联质谱仪(6.1)测定。

8.3 标准曲线的制备

分别移取适量丁香酚标准使用液(5.4.3)和丁香酚内标使用液(5.4.4),用乙酸乙酯(5.1.3)稀释,配制成至少5个浓度点的标准系列,丁香酚的质量浓度为5.00 μg/L、10.0 μg/L、50.0 μg/L、100 μg/L、200 μg/L,添加的内标质量浓度为50.0 μg/L。也可根据仪器灵敏度或线性范围配制能覆盖样品中目标物浓度的至少5个浓度水平的标准系列。

按照仪器参考条件(8.4.1),从低浓度到高浓度依次进样测定,测得不同浓度梯度目标物及其内标物的峰面积。以目标物浓度和对应内标物浓度的比值为横坐标,以目标物峰面积与对应内标物峰面积的比值为纵坐标,绘制标准曲线。

8.4 测定

8.4.1 气相色谱串联质谱参考条件

8.4.1.1 气相色谱

气相色谱的参考条件如下:

a) 色谱柱:DB-17 MS石英色谱柱(30 m×0.25 mm,膜厚0.25 μm),或性能相当者;
b) 进样量:1 μL;
c) 进样方式:不分流进样;
d) 载气:氦气,纯度99.999%,流速为1.0 mL/min;
e) 进样口温度:280 ℃;
f) 升温程序:初始温度为80 ℃,保持2 min,以20 ℃/min升至180 ℃保持1 min,以30 ℃/min升至280 ℃保持2 min。

8.4.1.2 质谱

串联质谱的参考条件如下:

a) 离子源:EI源;
b) 电子能量:70 eV;
c) 离子源温度:230 ℃;
d) 四极杆温度:150 ℃;
e) 传输线温度:280 ℃;
f) 淬灭气:氦气,流速为2.25 mL/min;
g) 碰撞气:氮气,纯度99.999%,流速为1.5 mL/min;
h) 监测方式:多反应监测模式,母离子、子离子和碰撞能量参考条件见表1。

表1 多反应监测母离子、子离子和碰撞能量参考条件

化合物	母离子 *m/z*	子离子 *m/z*	碰撞能量 eV
丁香酚	164	149[a]	5
		104	10

表 1（续）

化合物	母离子 m/z	子离子 m/z	碰撞能量 eV
氘代丁香酚	167	149[a]	10
		121	15
[a] 表示为定量离子。			

8.4.2 定性分析

按照 8.4.1 测试条件，试样中丁香酚色谱峰的保留时间与标准系列中丁香酚的保留时间相比较，相对偏差不超过 0.5%；试样中丁香酚监测离子的相对丰度与浓度相当标准溶液的相对丰度应一致，其允许偏差应符合表 2 的要求。

表 2 定性确证时相对离子丰度的允许偏差

单位为百分号

相对离子丰度	>50	>20～50	>10～20	≤10
允许偏差	±20	±25	±30	±50

8.4.3 定量测定

取试样溶液和相应的标准溶液等体积进样测定，作单点或多点校准，以色谱峰面积定量，按内标法计算。标准溶液及试样溶液中丁香酚的响应值均应在仪器检测的线性范围内。上述气相色谱-串联质谱条件下，标准溶液特征离子质量色谱图见附录 A。

8.4.4 空白试验

取空白试料，除不加标准溶液外，采用相同的测定步骤进行平行操作。

9 结果计算和表述

水样中丁香酚的残留量按标准曲线或公式(1)计算。

$$X_1 = c_s \times \frac{A}{A_s} \times \frac{c_i}{c_{si}} \times \frac{A_{si}}{A_i} \times \frac{V}{V_0} \quad (1)$$

式中：

X_1 ——试样中丁香酚残留量的数值，单位为微克每升（μg/L）；
c_s ——标准样溶液中丁香酚浓度的数值，单位为微克每升（μg/L）；
A ——试样溶液中丁香酚的色谱峰面积；
A_s ——标准溶液中丁香酚的色谱峰面积；
c_i ——试样溶液中内标物的质量浓度的数值，单位为微克每升（μg/L）；
c_{si} ——标准溶液中内标物的质量浓度的数值，单位为微克每升（μg/L）；
A_{si} ——标准溶液中内标物的色谱峰面积；
A_i ——试样溶液中内标物的色谱峰面积；
V ——试样溶液定容体积的数值，单位为毫升（mL）；
V_0 ——试样体积的数值，单位为毫升（mL）。

底泥样中丁香酚的残留量按标准曲线或公式(2)计算。

$$X_2 = c_s \times \frac{A}{A_s} \times \frac{c_i}{c_{si}} \times \frac{A_{si}}{A_i} \times \frac{V}{m} \times \frac{1}{(1-w)} \quad (2)$$

式中：

X_2 ——试样中丁香酚残留量的数值，单位为微克每千克（μg/kg）；
c_s ——标准样溶液中丁香酚浓度的数值，单位为微克每升（μg/L）；
A ——试样溶液中丁香酚的色谱峰面积；
A_s ——标准溶液中丁香酚的色谱峰面积；

c_i ——试样溶液中内标物的质量浓度的数值,单位为微克每升(μg/L);
c_{si} ——标准溶液中内标物的质量浓度的数值,单位为微克每升(μg/L);
A_{si} ——标准溶液中内标物的色谱峰面积;
A_i ——试样溶液中内标物的色谱峰面积;
V ——试样溶液定容体积的数值,单位为毫升(mL);
m ——试样质量的数值,单位为克(g);
w ——试样含水率的数值,单位为百分号(%)。

10 方法灵敏度、准确度和精密度

10.1 灵敏度

水样中丁香酚的检出限为 0.2 μg/L,定量限为 0.5 μg/L;底泥中丁香酚的检出限为 2 μg/kg,定量限为 5 μg/kg。

10.2 准确度

水样中添加浓度为 0.5 μg/L～50 μg/L 时,回收率为 70%～120%;底泥中添加浓度为 5 μg/kg～50 μg/kg时,回收率为 70%～120%。

10.3 精密度

本方法批内相对标准偏差≤15%,批间相对标准偏差≤20%。

附　录　A
（资料性）
丁香酚及氘代丁香酚标准溶液特征离子质量色谱图

丁香酚标准溶液特征离子质量色谱图见图 A.1，氘代丁香酚标准溶液特征离子质量色谱图见图 A.2。

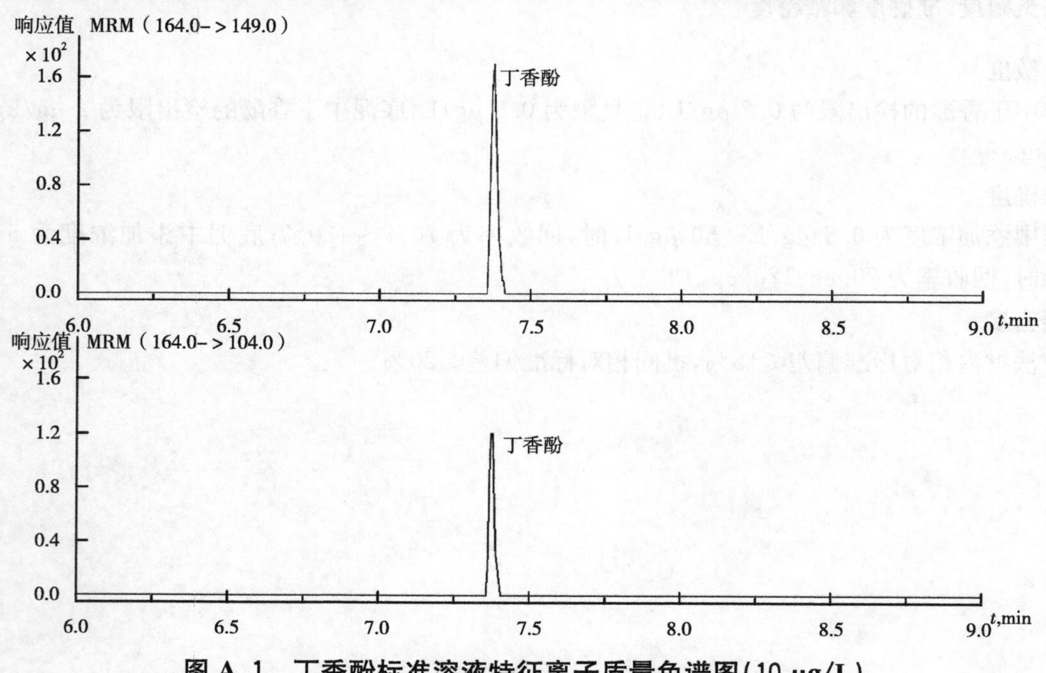

图 A.1　丁香酚标准溶液特征离子质量色谱图（10 μg/L）

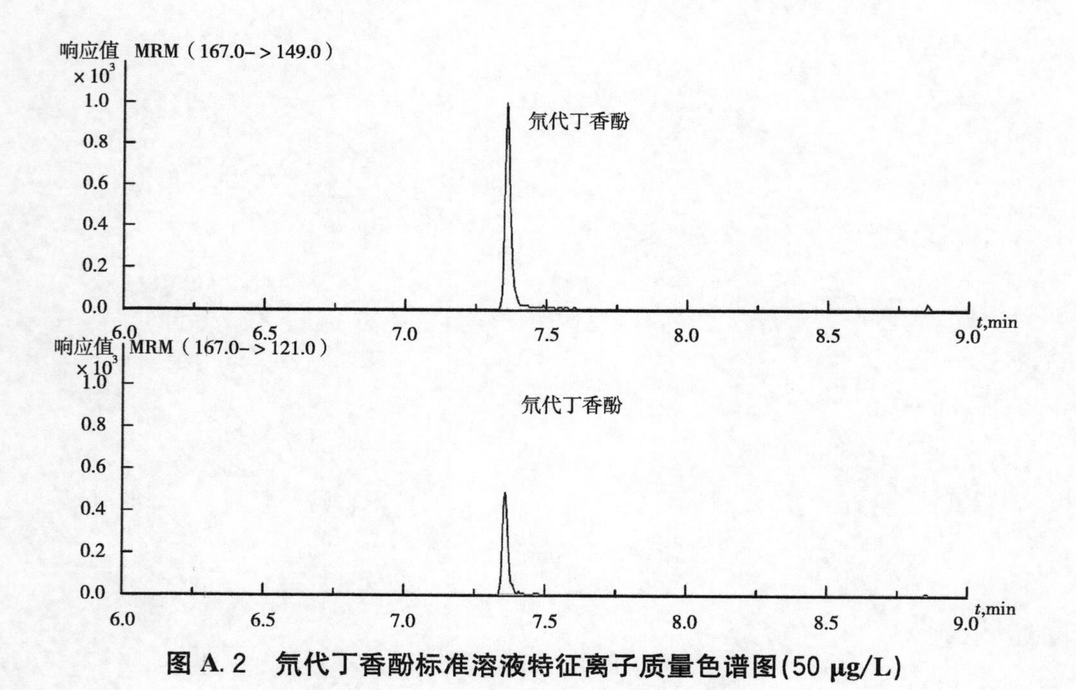

图 A.2　氘代丁香酚标准溶液特征离子质量色谱图（50 μg/L）

附录

中华人民共和国农业农村部公告
第 651 号

《农作物种质资源库操作技术规程　种质圃》等 96 项标准业经专家审定通过，现批准发布为中华人民共和国农业行业标准，自 2023 年 6 月 1 日起实施。标准编号和名称见附件。该批标准文本由中国农业出版社出版，可于发布之日起 2 个月后在中国农产品质量安全网(http://www.aqsc.org)查阅。

特此公告。

附件：《农作物种质资源库操作技术规程　种质圃》等 96 项农业行业标准目录

农业农村部

2023 年 2 月 17 日

附录

附件

《农作物种质资源库操作技术规程　种质圃》等96项农业行业标准目录

序号	标准号	标准名称	代替标准号
1	NY/T 4263—2023	农作物种质资源库操作技术规程　种质圃	
2	NY/T 4264—2023	香露兜　种苗	
3	NY/T 1991—2023	食用植物油料与产品　名词术语	NY/T 1991—2011
4	NY/T 4265—2023	樱桃番茄	
5	NY/T 4266—2023	草果	
6	NY/T 706—2023	加工用芥菜	NY/T 706—2003
7	NY/T 4267—2023	刺梨汁	
8	NY/T 873—2023	菠萝汁	NY/T 873—2004
9	NY/T 705—2023	葡萄干	NY/T 705—2003
10	NY/T 1049—2023	绿色食品　薯芋类蔬菜	NY/T 1049—2015
11	NY/T 1324—2023	绿色食品　芥菜类蔬菜	NY/T 1324—2015
12	NY/T 1325—2023	绿色食品　芽苗类蔬菜	NY/T 1325—2015
13	NY/T 1326—2023	绿色食品　多年生蔬菜	NY/T 1326—2015
14	NY/T 1405—2023	绿色食品　水生蔬菜	NY/T 1405—2015
15	NY/T 2984—2023	绿色食品　淀粉类蔬菜粉	NY/T 2984—2016
16	NY/T 418—2023	绿色食品　玉米及其制品	NY/T 418—2014
17	NY/T 895—2023	绿色食品　高粱及高粱米	NY/T 895—2015
18	NY/T 749—2023	绿色食品　食用菌	NY/T 749—2018
19	NY/T 437—2023	绿色食品　酱腌菜	NY/T 437—2012
20	NY/T 2799—2023	绿色食品　畜肉	NY/T 2799—2015
21	NY/T 274—2023	绿色食品　葡萄酒	NY/T 274—2014
22	NY/T 2109—2023	绿色食品　鱼类休闲食品	NY/T 2109—2011
23	NY/T 4268—2023	绿色食品　冲调类方便食品	
24	NY/T 392—2023	绿色食品　食品添加剂使用准则	NY/T 392—2013
25	NY/T 471—2023	绿色食品　饲料及饲料添加剂使用准则	NY/T 471—2018
26	NY/T 116—2023	饲料原料　稻谷	NY/T 116—1989
27	NY/T 130—2023	饲料原料　大豆饼	NY/T 130—1989
28	NY/T 211—2023	饲料原料　小麦次粉	NY/T 211—1992
29	NY/T 216—2023	饲料原料　亚麻籽饼	NY/T 216—1992
30	NY/T 4269—2023	饲料原料　膨化大豆	
31	NY/T 4270—2023	畜禽肉分割技术规程　鹅肉	
32	NY/T 4271—2023	畜禽屠宰操作规程　鹿	
33	NY/T 4272—2023	畜禽屠宰良好操作规范　兔	
34	NY/T 4273—2023	肉类热收缩包装技术规范	
35	NY/T 3357—2023	畜禽屠宰加工设备　猪悬挂输送设备	NY/T 3357—2018
36	NY/T 3376—2023	畜禽屠宰加工设备　牛悬挂输送设备	NY/T 3376—2018
37	NY/T 4274—2023	畜禽屠宰加工设备　羊悬挂输送设备	
38	NY/T 4275—2023	糌粑生产技术规范	
39	NY/T 4276—2023	留胚米加工技术规范	

（续）

序号	标准号	标准名称	代替标准号
40	NY/T 4277—2023	剁椒加工技术规程	
41	NY/T 4278—2023	马铃薯馒头加工技术规范	
42	NY/T 4279—2023	洁蛋生产技术规程	
43	NY/T 4280—2023	食用蛋粉生产加工技术规程	
44	NY/T 4281—2023	畜禽骨肽加工技术规程	
45	NY/T 4282—2023	腊肠加工技术规范	
46	NY/T 4283—2023	花生加工适宜性评价技术规范	
47	NY/T 4284—2023	香菇采后储运技术规范	
48	NY/T 4285—2023	生鲜果品冷链物流技术规范	
49	NY/T 4286—2023	散粮集装箱保质运输技术规范	
50	NY/T 4287—2023	稻谷低温储存与保鲜流通技术规范	
51	NY/T 4288—2023	苹果生产全程质量控制技术规范	
52	NY/T 4289—2023	芒果良好农业规范	
53	NY/T 4290—2023	生牛乳中β-内酰胺类兽药残留控制技术规范	
54	NY/T 4291—2023	生乳中铅的控制技术规范	
55	NY/T 4292—2023	生牛乳中体细胞数控制技术规范	
56	NY/T 4293—2023	奶牛养殖场生乳中病原微生物风险评估技术规范	
57	NY/T 4294—2023	挤压膨化固态宠物(犬、猫)饲料生产质量控制技术规范	
58	NY/T 4295—2023	退化草地改良技术规范　高寒草地	
59	NY/T 4296—2023	特种胶园生产技术规范	
60	NY/T 4297—2023	沼肥施用技术规范　设施蔬菜	
61	NY/T 4298—2023	气候智慧型农业　小麦-水稻生产技术规范	
62	NY/T 4299—2023	气候智慧型农业　小麦-玉米生产技术规范	
63	NY/T 4300—2023	气候智慧型农业　作物生产固碳减排监测与核算规范	
64	NY/T 4301—2023	热带作物病虫害监测技术规程　橡胶树六点始叶螨	
65	NY/T 4302—2023	动物疫病诊断实验室档案管理规范	
66	NY/T 537—2023	猪传染性胸膜肺炎诊断技术	NY/T 537—2002
67	NY/T 540—2023	鸡病毒性关节炎诊断技术	NY/T 540—2002
68	NY/T 545—2023	猪痢疾诊断技术	NY/T 545—2002
69	NY/T 554—2023	鸭甲型病毒性肝炎1型和3型诊断技术	NY/T 554—2002
70	NY/T 4303—2023	动物盖塔病毒感染诊断技术	
71	NY/T 4304—2023	牦牛常见寄生虫病防治技术规范	
72	NY/T 4305—2023	植物油中2,6-二甲氧基-4-乙烯基苯酚的测定　高效液相色谱法	
73	NY/T 4306—2023	木瓜、菠萝蛋白酶活性的测定　紫外分光光度法	
74	NY/T 4307—2023	葛根中黄酮类化合物的测定　高效液相色谱-串联质谱法	
75	NY/T 4308—2023	肉用青年种公牛后裔测定技术规范	
76	NY/T 4309—2023	羊毛纤维卷曲性能试验方法	
77	NY/T 4310—2023	饲料中吡啶甲酸铬的测定　高效液相色谱法	
78	SC/T 9441—2023	水产养殖环境(水体、底泥)中孔雀石绿、结晶紫及其代谢物残留量的测定　液相色谱-串联质谱法	
79	NY/T 4311—2023	动物骨中多糖含量的测定　液相色谱法	
80	NY/T 1121.9—2023	土壤检测　第9部分:土壤有效钼的测定	NY/T 1121.9—2012

（续）

序号	标准号	标准名称	代替标准号
81	NY/T 1121.14—2023	土壤检测　第14部分:土壤有效硫的测定	NY/T 1121.14—2006
82	NY/T 4312—2023	保护地连作障碍土壤治理　强还原处理法	
83	NY/T 4313—2023	沼液中砷、镉、铅、铬、铜、锌元素含量的测定　微波消解-电感耦合等离子体质谱法	
84	NY/T 4314—2023	设施农业用地遥感监测技术规范	
85	NY/T 4315—2023	秸秆捆烧锅炉清洁供暖工程设计规范	
86	NY/T 4316—2023	分体式温室太阳能储放热利用设施设计规范	
87	NY/T 4317—2023	温室热气联供系统设计规范	
88	NY/T 682—2023	畜禽场场区设计技术规范	NY/T 682—2003
89	NY/T 4318—2023	兔屠宰与分割车间设计规范	
90	NY/T 4319—2023	洗消中心建设规范	
91	NY/T 4320—2023	水产品产地批发市场建设规范	
92	NY/T 4321—2023	多层立体规模化猪场建设规范	
93	NY/T 4322—2023	县域年度耕地质量等级变更调查评价技术规程	
94	NY/T 4323—2023	闲置宅基地复垦技术规范	
95	NY/T 4324—2023	渔业信息资源分类与编码	
96	NY/T 4325—2023	农业农村地理信息服务接口要求	

中华人民共和国农业农村部公告
第 664 号

《畜禽品种(配套系) 澳洲白羊种羊》等 74 项标准业经专家审定通过,现批准发布为中华人民共和国农业行业标准,自 2023 年 8 月 1 日起实施。标准编号和名称见附件。该批标准文本由中国农业出版社出版,可于发布之日起 2 个月后在中国农产品质量安全网(http://www. aqsc. org)查阅。

特此公告。

附件:《畜禽品种(配套系) 澳洲白羊种羊》等 74 项农业行业标准目录

农业农村部

2023 年 4 月 11 日

附录

附件

《畜禽品种(配套系)　澳洲白羊种羊》等74项农业行业标准目录

序号	标准号	标准名称	代替标准号
1	NY/T 4326—2023	畜禽品种(配套系)　澳洲白羊种羊	
2	SC/T 1168—2023	鳊	
3	SC/T 1169—2023	西太公鱼	
4	SC/T 1170—2023	梭鲈	
5	SC/T 1171—2023	斑鳜	
6	SC/T 1172—2023	黑脊倒刺鲃	
7	NY/T 4327—2023	茭白生产全程质量控制技术规范	
8	NY/T 4328—2023	牛蛙生产全程质量控制技术规范	
9	NY/T 4329—2023	叶酸生物营养强化鸡蛋生产技术规程	
10	SC/T 1135.8—2023	稻渔综合种养技术规范　第8部分:稻鲤(平原型)	
11	SC/T 1174—2023	乌鳢人工繁育技术规范	
12	SC/T 4018—2023	海水养殖围栏术语、分类与标记	
13	SC/T 6106—2023	鱼类养殖精准投饲系统通用技术要求	
14	SC/T 9443—2023	放流鱼类物理标记技术规程	
15	NY/T 4330—2023	辣椒制品分类及术语	
16	NY/T 4331—2023	加工用辣椒原料通用要求	
17	NY/T 4332—2023	木薯粉加工技术规范	
18	NY/T 4333—2023	脱水黄花菜加工技术规范	
19	NY/T 4334—2023	速冻西蓝花加工技术规程	
20	NY/T 4335—2023	根茎类蔬菜加工预处理技术规范	
21	NY/T 4336—2023	脱水双孢蘑菇产品分级与检验规程	
22	NY/T 4337—2023	果蔬汁(浆)及其饮料超高压加工技术规范	
23	NY/T 4338—2023	苜蓿干草调制技术规范	
24	SC/T 3058—2023	金枪鱼冷藏、冻藏操作规程	
25	SC/T 3059—2023	海捕虾船上冷藏、冻藏操作规程	
26	SC/T 3061—2023	冻虾加工技术规程	
27	NY/T 4339—2023	铁生物营养强化小麦	
28	NY/T 4340—2023	锌生物营养强化小麦	
29	NY/T 4341—2023	叶酸生物营养强化玉米	
30	NY/T 4342—2023	叶酸生物营养强化鸡蛋	
31	NY/T 4343—2023	黑果枸杞等级规格	
32	NY/T 4344—2023	羊肚菌等级规格	
33	NY/T 4345—2023	猴头菇干品等级规格	
34	NY/T 4346—2023	榆黄蘑等级规格	
35	NY/T 2316—2023	苹果品质评价技术规范	NY/T 2316—2013
36	NY/T 129—2023	饲料原料　棉籽饼	NY/T 129—1989
37	NY/T 4347—2023	饲料添加剂　丁酸梭菌	
38	NY/T 4348—2023	混合型饲料添加剂　抗氧化剂通用要求	
39	SC/T 2001—2023	卤虫卵	SC/T 2001—2006

（续）

序号	标准号	标准名称	代替标准号
40	NY/T 4349—2023	耕地投入品安全性监测评价通则	
41	NY/T 4350—2023	大米中2-乙酰基-1-吡咯啉的测定　气相色谱-串联质谱法	
42	NY/T 4351—2023	大蒜及其制品中水溶性有机硫化合物的测定　液相色谱-串联质谱法	
43	NY/T 4352—2023	浆果类水果中花青苷的测定　高效液相色谱法	
44	NY/T 4353—2023	蔬菜中甲基硒代半胱氨酸、硒代蛋氨酸和硒代半胱氨酸的测定　液相色谱-串联质谱法	
45	NY/T 1676—2023	食用菌中粗多糖的测定　分光光度法	NY/T 1676—2008
46	NY/T 4354—2023	禽蛋中卵磷脂的测定　高效液相色谱法	
47	NY/T 4355—2023	农产品及其制品中嘌呤的测定　高效液相色谱法	
48	NY/T 4356—2023	植物源性食品中甜菜碱的测定　高效液相色谱法	
49	NY/T 4357—2023	植物源性食品中叶绿素的测定　高效液相色谱法	
50	NY/T 4358—2023	植物源性食品中抗性淀粉的测定　分光光度法	
51	NY/T 4359—2023	饲料中16种多环芳烃的测定　气相色谱-质谱法	
52	NY/T 4360—2023	饲料中链霉素、双氢链霉素和卡那霉素的测定　液相色谱-串联质谱法	
53	NY/T 4361—2023	饲料添加剂　α-半乳糖苷酶活力的测定　分光光度法	
54	NY/T 4362—2023	饲料添加剂　角蛋白酶活力的测定　分光光度法	
55	NY/T 4363—2023	畜禽固体粪污中铜、锌、砷、铬、镉、铅、汞的测定　电感耦合等离子体质谱法	
56	NY/T 4364—2023	畜禽固体粪污中139种药物残留的测定　液相色谱-高分辨质谱法	
57	SC/T 3060—2023	鳕鱼品种的鉴定　实时荧光PCR法	
58	SC/T 9444—2023	水产养殖水体中氨氮的测定　气相分子吸收光谱法	
59	NY/T 4365—2023	蓖麻收获机　作业质量	
60	NY/T 4366—2023	撒肥机　作业质量	
61	NY/T 4367—2023	自走式植保机械　封闭驾驶室　质量评价技术规范	
62	NY/T 4368—2023	设施种植园区　水肥一体化灌溉系统设计规范	
63	NY/T 4369—2023	水肥一体机性能测试方法	
64	NY/T 4370—2023	农业遥感术语　种植业	
65	NY/T 4371—2023	大豆供需平衡表编制规范	
66	NY/T 4372—2023	食用油籽和食用植物油供需平衡表编制规范	
67	NY/T 4373—2023	面向主粮作物农情遥感监测田间植株样品采集与测量	
68	NY/T 4374—2023	农业机械远程服务与管理平台技术要求	
69	NY/T 4375—2023	一体化土壤水分自动监测仪技术要求	
70	NY/T 4376—2023	农业农村遥感监测数据库规范	
71	NY/T 4377—2023	农业遥感调查通用技术　农作物雹灾监测技术规范	
72	NY/T 4378—2023	农业遥感调查通用技术　农作物干旱监测技术规范	
73	NY/T 4379—2023	农业遥感调查通用技术　农作物倒伏监测技术规范	
74	NY/T 4380.1—2023	农业遥感调查通用技术　农作物估产监测技术规范　第1部分：马铃薯	

附录

中华人民共和国农业农村部公告
第738号

农业农村部批准《羊草干草》等85项中华人民共和国农业行业标准，自2024年5月1日起实施。标准编号和名称见附件。该批标准文本由中国农业出版社出版，可于发布之日起2个月后在农业农村部农产品质量安全中心网(http://www.aqsc.agri.cn)查阅。

现予公告。

附件：《羊草干草》等85项农业行业标准目录

农业农村部

2023年12月22日

附件

《羊草干草》等85项农业行业标准目录

序号	标准号	标准名称	代替标准号
1	NY/T 4381—2023	羊草干草	
2	NY/T 4382—2023	加工用红枣	
3	NY/T 4383—2023	氨氯吡啶酸原药	
4	NY/T 4384—2023	氨氯吡啶酸可溶液剂	
5	NY/T 4385—2023	苯醚甲环唑原药	HG/T 4460—2012
6	NY/T 4386—2023	苯醚甲环唑乳油	HG/T 4461—2012
7	NY/T 4387—2023	苯醚甲环唑微乳剂	HG/T 4462—2012
8	NY/T 4388—2023	苯醚甲环唑水分散粒剂	HG/T 4463—2012
9	NY/T 4389—2023	丙炔氟草胺原药	
10	NY/T 4390—2023	丙炔氟草胺可湿性粉剂	
11	NY/T 4391—2023	代森联原药	
12	NY/T 4392—2023	代森联水分散粒剂	
13	NY/T 4393—2023	代森联可湿性粉剂	
14	NY/T 4394—2023	代森锰锌·霜脲氰可湿性粉剂	HG/T 3884—2006
15	NY/T 4395—2023	氟虫腈原药	
16	NY/T 4396—2023	氟虫腈悬浮剂	
17	NY/T 4397—2023	氟虫腈种子处理悬浮剂	
18	NY/T 4398—2023	氟啶虫酰胺原药	
19	NY/T 4399—2023	氟啶虫酰胺悬浮剂	
20	NY/T 4400—2023	氟啶虫酰胺水分散粒剂	
21	NY/T 4401—2023	甲哌鎓原药	HG/T 2856—1997
22	NY/T 4402—2023	甲哌鎓可溶液剂	HG/T 2857—1997
23	NY/T 4403—2023	抗倒酯原药	
24	NY/T 4404—2023	抗倒酯微乳剂	
25	NY/T 4405—2023	萘乙酸(萘乙酸钠)原药	
26	NY/T 4406—2023	萘乙酸钠可溶液剂	
27	NY/T 4407—2023	苏云金杆菌母药	HG/T 3616—1999
28	NY/T 4408—2023	苏云金杆菌悬浮剂	HG/T 3618—1999
29	NY/T 4409—2023	苏云金杆菌可湿性粉剂	HG/T 3617—1999
30	NY/T 4410—2023	抑霉唑原药	
31	NY/T 4411—2023	抑霉唑乳油	
32	NY/T 4412—2023	抑霉唑水乳剂	
33	NY/T 4413—2023	噁唑菌酮原药	
34	NY/T 4414—2023	右旋反式氯丙炔菊酯原药	
35	NY/T 4415—2023	单氰胺可溶液剂	
36	SC/T 2123—2023	冷冻卤虫	
37	SC/T 4033—2023	超高分子量聚乙烯钓线通用技术规范	
38	SC/T 5005—2023	渔用聚乙烯单丝及超高分子量聚乙烯纤维	SC/T 5005—2014
39	NY/T 394—2023	绿色食品　肥料使用准则	NY/T 394—2021

（续）

序号	标准号	标准名称	代替标准号
40	NY/T 4416—2023	芒果品质评价技术规范	
41	NY/T 4417—2023	大蒜营养品质评价技术规范	
42	NY/T 4418—2023	农药桶混助剂沉积性能评价方法	
43	NY/T 4419—2023	农药桶混助剂的润湿性评价方法及推荐用量	
44	NY/T 4420—2023	农作物生产水足迹评价技术规范	
45	NY/T 4421—2023	秸秆还田联合整地机　作业质量	
46	NY/T 3213—2023	植保无人驾驶航空器　质量评价技术规范	NY/T 3213—2018
47	SC/T 9446—2023	海水鱼类增殖放流效果评估技术规范	
48	NY/T 572—2023	兔出血症诊断技术	NY/T 572—2016、NY/T 2960—2016
49	NY/T 574—2023	地方流行性牛白血病诊断技术	NY/T 574—2002
50	NY/T 4422—2023	牛蜘蛛腿综合征检测　PCR 法	
51	NY/T 4423—2023	饲料原料　酸价的测定	
52	NY/T 4424—2023	饲料原料　过氧化值的测定	
53	NY/T 4425—2023	饲料中米诺地尔的测定	
54	NY/T 4426—2023	饲料中二硝托胺的测定	农业部 783 号公告—5—2006
55	NY/T 4427—2023	饲料近红外光谱测定应用指南	
56	NY/T 4428—2023	肥料增效剂　氢醌(HQ)含量的测定	
57	NY/T 4429—2023	肥料增效剂　苯基磷酰二胺(PPD)含量的测定	
58	NY/T 4430—2023	香石竹斑驳病毒的检测　荧光定量 PCR 法	
59	NY/T 4431—2023	薏苡仁中多种酯类物质的测定　高效液相色谱法	
60	NY/T 4432—2023	农药产品中有效成分含量测定通用分析方法　气相色谱法	
61	NY/T 4433—2023	农田土壤中镉的测定　固体进样电热蒸发原子吸收光谱法	
62	NY/T 4434—2023	土壤调理剂中汞的测定　催化热解-金汞齐富集原子吸收光谱法	
63	NY/T 4435—2023	土壤中铜、锌、铅、铬和砷含量的测定　能量色散 X 射线荧光光谱法	
64	NY/T 1236—2023	种羊生产性能测定技术规范	NY/T 1236—2006
65	NY/T 4436—2023	动物冠状病毒通用 RT-PCR 检测方法	
66	NY/T 4437—2023	畜肉中龙胆紫的测定　液相色谱-串联质谱法	
67	NY/T 4438—2023	畜禽肉中 9 种生物胺的测定　液相色谱-串联质谱法	
68	NY/T 4439—2023	奶及奶制品中乳铁蛋白的测定　高效液相色谱法	
69	NY/T 4440—2023	畜禽液体粪污中四环素类、磺胺类和喹诺酮类药物残留量的测定　液相色谱-串联质谱法	
70	SC/T 9112—2023	海洋牧场监测技术规范	
71	SC/T 9447—2023	水产养殖环境(水体、底泥)中丁香酚的测定　气相色谱-串联质谱法	
72	SC/T 7002.7—2023	渔船用电子设备环境试验条件和方法　第 7 部分:交变盐雾(Kb)	SC/T 7002.7—1992
73	SC/T 7002.11—2023	渔船用电子设备环境试验条件和方法　第 11 部分:倾斜　摇摆	SC/T 7002.11—1992
74	NY/T 4441—2023	农业生产水足迹　术语	
75	NY/T 4442—2023	肥料和土壤调理剂　分类与编码	
76	NY/T 4443—2023	种牛术语	
77	NY/T 4444—2023	畜禽屠宰加工设备　术语	
78	NY/T 4445—2023	畜禽屠宰用印色用品要求	

（续）

序号	标准号	标准名称	代替标准号
79	NY/T 4446—2023	鲜切农产品包装标识技术要求	
80	NY/T 4447—2023	肉类气调包装技术规范	
81	NY/T 4448—2023	马匹道路运输管理规范	
82	NY/T 1668—2023	农业野生植物原生境保护点建设技术规范	NY/T 1668—2008
83	NY/T 4449—2023	蔬菜地防虫网应用技术规程	
84	NY/T 4450—2023	动物饲养场选址生物安全风险评估技术	
85	NY/T 4451—2023	纳米农药产品质量标准编写规范	

图书在版编目（CIP）数据

水产行业标准汇编．2025 / 中国农业出版社编．
北京 ：中国农业出版社，2025． 1． -- ISBN 978-7-109-32634-7

Ⅰ． S9-65

中国国家版本馆 CIP 数据核字第 2024QY1344 号

水产行业标准汇编（2025）

SHUICHAN HANGYE BIAOZHUN HUIBIAN（2025）

中国农业出版社出版

地址：北京市朝阳区麦子店街 18 号楼

邮编：100125

责任编辑：刘　伟　胡烨芳

版式设计：王　晨　　责任校对：张雯婷

印刷：北京印刷集团有限责任公司

版次：2025 年 1 月第 1 版

印次：2025 年 1 月北京第 1 次印刷

发行：新华书店北京发行所

开本：880mm×1230mm　1/16

印张：15.25

字数：495 千字

定价：158.00 元
